U0266556

草地畜牧业生产体系导论

Introduction to Production Systems of Animal Husbandry in Rangeland

吴建平 著

科学出版社

北京

内 容 简 介

本书全面系统地论述了草地畜牧业生产体系的概念、内涵、形成及发展历程，理论体系的构架和实践效果，反映了国内外研究进展。书中创新性地提出了草地畜牧业可持续生产体系构建的支撑性理论——"家畜基因型与环境匹配理论"和"以草地生物量、牧草代谢能和草地生态系统可持续性为指标的草畜平衡三级评价理论"，并对该理论从基本原理上给予阐明。同时对草地畜牧业可持续生产体系模型的建设和应用进行了详细说明，便于读者学习参考和应用。

本书可为草地畜牧业可持续发展及草地生态健康管理的政策制定和技术方案设计提供科学依据，可供畜牧学、草地学、环境科学等学科的科研工作者参考，也可供从事和关心草地畜牧业可持续发展，草地生态管理、保护、评价的有关人员参阅。

图书在版编目（CIP）数据

草地畜牧业生产体系导论/吴建平著. —北京：科学出版社，2020.6

ISBN 978-7-03-065215-7

Ⅰ. ①草… Ⅱ. ①吴… Ⅲ. ①草原-畜牧业-生产技术 Ⅳ. ①S812

中国版本图书馆 CIP 数据核字（2020）第 089130 号

责任编辑：王 静 岳漫宇/责任校对：严 娜
责任印制：吴兆东/封面设计：刘新新

科 学 出 版 社 出版
北京东黄城根北街 16 号
邮政编码：100717
http://www.sciencep.com

北京虎彩文化传播有限公司 印刷
科学出版社发行 各地新华书店经销

*

2020 年 6 月第 一 版 开本：720×1000 B5
2020 年 6 月第一次印刷 印张：8 1/2
字数：169 000

定价：98.00 元
（如有印装质量问题，我社负责调换）

前　言

草地畜牧业生产是人类通过动物养殖，将植物能转化为动物能的过程，也是人类获得动物性蛋白的重要渠道。畜牧业生产体系（livestock production systems）是长期以来基于不同地理区域、环境气候、文化、消费习俗等因素，综合作物生产、动物养殖、加工销售等环节的大农业生产形式，是农业生产体系下的亚生产体系。草地畜牧业生产体系是以草地放牧或利用进行家畜（禽）生产的畜牧业生产方式，是将植物生产和动物生产紧密结合的畜牧业生产体系，也是生态系统与生产系统耦合互作的体系。

草地畜牧业生产是草地与家畜的共生系统，其中家畜是草地经济功能的实现者。要实现草地畜牧业的可持续发展，不但要解决畜牧业生产的问题，而且要研究草地的生态学问题。首先要了解草地系统的健康指标，掌握能够维护草地健康的技术和方法，提高草地的生产能力和维护其健康水平。同时也要了解家畜，因为家畜是草地畜牧业生产的主体，要提高家畜生产水平，从而提高资源利用的经济效益。要认识家畜在整个生产系统中如何影响草地资源，如何使家畜有效地利用草地资源，生产安全、优质的产品。

目前对草地功能的认识及对草地的管理主要强调其生态功能，而对家畜生产系统的研究，特别是对家畜与草地相互作用的研究比较少。当我们强调草地的生态功能时，我们不能忽略草地的生产功能。中国的草地不但承担着生态功能，同时生产功能也是非常重要的一部分。与此同时，由于中国草地主要分布在少数民族集聚区，所以草地所承担的人文功能也是很重要的。

中国的畜牧业从 20 世纪 80 年代开始快速发展，目前，无论是从总量上还是从质量上看都有了很大的改观。中国畜牧业的快速发展得益于经济的快速发展、人民生活水平的提高及技术创新和应用等诸多方面。

家畜生产体系是以土地资源为基础的农业生产。因此，家畜生产体系对生态环境的影响最直接，且范围广、时间长。要实现家畜生产体系的可持续发展，不但要研究资源的利用，同时要研究家畜生产体系对政策、技术及公众支持的需求。

草地与家畜是共生性的，它们共同组成草地畜牧业生产体系，它既有生产属性也有生态属性。就其生态属性来讲，草地生产体系的可持续必须要在生产过程中实现，保证草地生态系统的健康和可持续，从宏观经济学的角度来讲意义也是重大的。众所周知，广大西北地区是我国草原的主要分布地区，也是我国重要江河的发源地，因此，草地生态系统所承担的生态功能不容置疑。

　　随着经济发展、技术进步和人民生活水平的日益提高，在我国经济、社会发展的新时代，在"绿水青山就是金山银山"的生态、经济、社会协调发展理念的引领下，为了破解生产、生活、生态系统的悖论问题，著者集科学试验和生产实践经验及借鉴国内外学者的科技成果于一体，立足于草地畜牧业生产实际，撰写了《草地畜牧业生产体系导论》。愿这本书为中国草地畜牧业生产体系的可持续发展贡献一分力量。在新时代我国推进生态保护战略和改善人民生产生活条件的浪潮中，本书的撰写契合了草地畜牧业生产体系发展战略的需要。

　　虽然尽了最大努力，但由于草地畜牧业生产体系类型丰富、生产方式多样，科技应用手段千差万别，再加上草地畜牧业生产体系是一门综合性学科，发展迅速，著者经验和水平有限，所以缺点和不妥之处在所难免。敬请广大读者和同仁批评指正。

吴建平

2019 年 3 月于兰州

目　　录

第1章　概　　述

畜牧业生产是人类通过动物养殖，将植物能转化为动物能的过程，也是人类获得动物性蛋白的重要渠道。畜牧业生产体系（livestock production systems）是长期以来基于不同地理区域、环境气候、文化、消费习俗等因素，综合作物生产、动物养殖、加工销售等环节的大农业生产形式，是农业生产体系下的亚生产体系。草地畜牧业生产体系是以草地放牧或利用进行家畜（禽）生产的畜牧业生产方式，是将植物生产层和动物生产层紧密结合的畜牧业生产体系，也是生态系统与生产系统耦合互作的体系。了解畜牧业生产体系的发展历史，认识和掌握现代畜牧业生产体系特点，特别是草地畜牧业生产体系所承载的生产属性和生态属性，是实现畜牧业可持续发展的前提，也是中国草地畜牧业的发展方向和亟待解决的热点问题。

1.1　畜牧业发展历史回顾

动物驯化（animal domestication）和养殖是人类文明发展的象征，是人类将动物的自然繁殖变为人为控制的过程。据史料记载，人类对动物的驯化开始于距今大约 17 000 年前。各种动物的驯化年表见表 1-1。

表 1-1　家畜驯化年表

物种	驯化时间及地点
狗	公元前 14 000 年，地点未知
绵羊	公元前 8500 年，西亚
山羊	公元前 8000 年，西亚
猪	公元前 7000 年，西亚
牛	公元前 7000 年，东撒哈拉
猫	公元前 8500 年，肥沃月湾（Fertile Crescent）
鸡	公元前 6000 年，亚洲
驴	公元前 4000 年，非洲东北部
鸭	公元前 2500 年，西亚
水牛	公元前 2500 年，巴基斯坦
马	公元前 3600 年，哈萨克斯坦
单峰驼	公元前 3000 年，沙特阿拉伯

续表

物种	驯化时间及地点
美洲驼	5500 年前
蚕	公元前 3500 年，中国
驯鹿	公元前 1000 年，西伯利亚
家鸽	5000 年前
鹅	公元前 1500 年，德国
双峰驼	公元前 3500 年，中国或蒙古国
牦牛	公元前 3000 年，中国
羊驼	公元前 4500 年，安第斯山脉
火鸡	公元前 100～公元 100 年，墨西哥
金鱼	3000 年前，中国
兔	2600 年前

　　羊是人类最早驯化的动物之一，从捕获到拘系圈养，这就是草地畜牧业的雏形，也是草地畜牧业开始进入人类文明发展史的开始。随着原始部落人口的增加和发展，驯化动物的种类及放牧的范围与强度也在不断扩大，驯化使野生的动物逐步变成了温驯的家畜，便于养殖和管理。早期人类开始猎杀其他草食动物，主要是为了给驯化的动物留出足够的放牧空间；同时为了降低季节变化造成的生产数量的变化幅度，人类开始学习储存干草和饲料。从这时候起，人类就开始了对饲草植物的选择和家畜的选育，这也是原始草地管理和家畜放牧管理的开始。农业萌芽于种植牧草和发展畜牧业，而牧草饲料作物的栽培历史先于农业。文献记载我国公元前 126 年汉武帝时期，张骞出使西域，带回了苜蓿种子在关中种植，以饲养军马。罗马人 Columella 在公元 50 年对欧洲利用种植牧草的方法生产干草的意义进行了表述。约在 1400 年，英国人 Couper 就将 2 年小麦和 5 年牧草进行轮作，这可能是最早的草田轮作记载。红三叶是栽培较早的牧草，意大利从 1550 年开始，欧洲西部晚一点，英国不迟于 1654 年，美国于 1747 年。15～16 世纪西班牙开始栽培牧草。真正意义上的牧草饲料作物栽培始于 18 世纪的欧洲。通过当时在农田中引种牧草饲料作物，大力推行草田轮作和发展畜牧业，使得农业出现转机，这种制度也在整个欧洲农业中迅速发展起来。作物生产的发展促使人类开始学习饲料的生产和储存，家畜也开始进行圈养。这种生产方式的改变，使得家畜生产部分或全部地摆脱了靠天吃饭的局面，稳定了人类食品的供给，导致畜牧业生产的集约化程度不断发展，生产效率不断提高。

　　随着人类生活水平的逐渐提高，膳食结构的改变，人类对畜产品的消费需求也不断增加。从 19 世纪开始，工业化席卷全球，发达国家首先受工业化革命的影响，开始了工厂化生产。为了满足消费需求，世界各国都提倡规模养殖和集约化经营的模式，草地畜牧业也受工厂化理念的影响，开始了生产线式的管理生产模式。对草地的投入犹如生产线的起始，而畜产品的收获和上市则是产品完成的最后阶段。工厂化的畜牧业生产极大地促进了生产效率的提高，同时也提高了草地的生产效率，然而这种生产方式或集约型生产体系也不可避免地产生了一系列的问题。

首先是规模化畜牧业生产带来的环境污染问题。据测定 1 头猪年产粪约 2t，即一个生猪存栏为 10 000 头的规模猪场，每年产生的猪粪便达 20 000t；每羽蛋鸡平均年产粪 36kg，一个饲养 10 万羽蛋鸡的工厂化养鸡场，每年产生的鸡粪达 3600 多 t。如此大的粪尿排放量，在不加处理的情况下，会对环境造成极大污染；主要表现为空气污染引起的人类呼吸道疾病，生物污染造成的疾病传播，以及消毒药物给周围水源、土壤带来的环境污染。

其次是化肥问题。从 20 世纪 60 年代初开始，随着第一次绿色革命的兴起，在作物生产开始施用大量化肥的情况下，效率和产量都得到很大的提高。与此同时，在发达国家，草地畜牧业也从化肥的施用中得到了益处，为改善草地土壤肥力，增加饲草产量，提高家畜生产水平，草地也开始大量施肥，其中主要是氮肥。化肥的施用，使草地畜牧业的生产水平有了极其显著的提高，畜产品的产量和单位草地面积的效益都显著提高，草地畜牧业的生产效率也显著地提高。据联合国粮食及农业组织（FAO）统计资料，世界肉类产量 1980 年为 13 653 万 t，1990 年为 17 977 万 t，2000 年达 23 201 万 t；2006 年为 27 288.36 万 t，比 1980 年增长 1 倍。在过去的 10 年内（2005～2015 年），全球肉产量提高了 20%左右，主要以禽肉和猪肉为主。而在下一个 10 年里，全球肉产量的增长速度相对较慢，但是到 2024 年，年产肉量将较 2012～2014 年提高约 17%。通过在配方中大量使用蛋白质饲料的集约化生产方式，发展中国家预计将成为未来肉产量增加的生力军。2024 年肉产量增加量（17%）的 50%将由家禽类贡献。到 2024 年预计全球人均年消费肉量会达到 35.5kg（零售），相比 2012～2014 年提高了 1.6kg。与此对应的是化肥使用量大幅度增加，据联合国粮食及农业组织（FAO）统计，1961 年化肥生产量和消费量分别为 3351 万 t 和 3118 万 t；20 世纪 60 年代之后进入快速增长期，1988 年达到第一个高峰期，化肥生产量和消费量分别为 15 849 万 t 和 14 508 万 t，基本呈直线增长。但是从全球角度来讲，由于化肥的大量使用，能量的消耗与日俱增，同时氮肥的大量使用造成了环境的污染，特别是土地退化、地下水和地表水的污染等。

最后是动物疫病控制问题。由于集约化饲养，单位空间里动物数量比自然状态下多很多，所以动物之间的疫病传播的概率大大增加。为了减少动物疫病造成的损失，养殖者采取各种措施来防范动物疫病的发生和传播，其中最主要的是疫苗和药品的使用。据有关调查，动物药品的滥用和残留已经导致人类免疫能力下降。特别是对于未成年人，畜产品药物残留的危害作用会更大。人类抗药性细菌和家畜抗生素的使用之间的关系仍然是大家讨论的话题，尤其是在美国。2010 年，全球家畜生产消耗了约 63 151t 的抗生素，预计到 2030 年，这个数字会增长 67%，达到 105 596t，中国生产的青霉素 28 000t，约占全球总产量的 60%，土霉素 10 000t，约占全球总产量的 65%。四环素是使用最多的抗生素，其次是磺胺类药物和大环内酯。这三类药物约占英国兽药施用量的 90% 和韩国兽药施用量的 50% 以上。在美国，抗生素在用于治疗、控制、预防家畜疾病及促进生长等方面都是合法的。许多抗生素没有兽医处方也可购买。在美国畜用抗生素的使用数量几乎是人用抗生素使用数量的 4 倍。美国农业部的一项调查发现：受调查 46% 的奶业生产者会遵从兽医的建议来使用抗生素。滥用抗生素可以引起诸多负面作用，如肉品抗生素残留，以及耐药性病毒及细菌的发育等。欧盟对抗生素的使用相当谨慎，但是美国直到 2006 年才禁止了抗生素的非治疗性使用。美国 2006 年禁止了抗生素在家畜促生方面的使用，到 2011 年 7 月，韩国成为亚洲首个禁止抗生素促生长作用使用的国家。许多兽用抗生素在储存中的降解率很低，家畜粪便的通常处理方式就是土壤填埋。而滥用抗生素也可能会因为这个途径，向环境中释放一些活性成分。自 1987 年以来，就没有新的抗生素种类发现和升级换代，因此耐药性最终会有效降低疾病的治疗效果。

1.2　世界草地畜牧业发展现状

　　未来农业的发展核心问题就是"食物的可持续供给"。预计到 2050 年，全球人口将增至 93 亿，农产品产量（食物供给）需要在现有基础上提高 60%，预计每年产量达 85 亿 t。一方面，农业生产与迅速扩展的城市化进程对有限土地和水资源的竞争空前激烈。而人口、技术进步等因素，也与气候变化互相作用，给农业和环境可持续发展带来了极大挑战。另一方面，在全球范围内，人们对畜产品需求的不断增长，到 2030 年，全球乳、肉和蛋的年产量预计分别达 9000 亿 t、4亿 t 和 1 亿 t。肉产量主要来源于肉鸡，其次是生猪，再次是反刍动物，且反刍动物肉产量的比重在逐年增长。如何在可持续发展的框架下平衡这种供需矛盾也是未来农业、畜牧业生产研究的核心问题。

　　草地是指所有可被用来进行家畜生产或放牧的草地资源，目前全球的草地资源为 1.17 亿 km^2。草地占世界陆地面积的 25%，世界 70% 的农用土地面积是草地。草地支撑了 8 亿人口的生计，同时在满足人类对高蛋白质食品需求方面也具有极其重要的作用（Snow et al., 2014）。

　　研究表明，世界仅有 11% 的陆地面积或近 1340 亿 hm^2 的土地是农用可耕地，其中约 1/3 是放牧草地。

　　与此同时，草地还是野生动物的重要栖息地，是全球生物多样性的主要生态栖息系统。草地对全球碳循环影响重大，是世界重要的碳汇区域。另外，草地还是重要的生态水源地和湿地。全球的草地资源主要有非洲萨瓦纳（Savanna）大草原、澳大利亚草原、北美大平原草原（Prairies）、南美洲大草原和亚洲高山草原，这 5 种不同地理分布的草原是世界现存永久性草原的主要代表，同时也发挥着极其重要的全球性生态功能。

　　从全球视角来看，草地是家畜的主要饲料来源且具有强大的生态系统服务功能。例如，草地是重要的水源涵养地，也是主要的肉类产出地。自 1975 年以来，世界肉类产量翻了一番，从 1975 年的 11 600 万 t 增加到 2000 年的 23 300 万 t。草地也是重要的鸟类和野生动物栖息地，同时储存了陆地生态系统碳储量的约 34%。不容乐观的是全球 49% 的草地有不同程度的退化，5% 的草地严重退化。草地的退化与地理位置、管理实践、土壤及植被类型、放牧方式等有关。草地开垦及其他的改造活动将碳释放入大气，如烧荒给大气贡献了 40% 的二氧化碳。

　　从世界畜牧业发展历程来看，畜牧业生产方式正在经历不同的变革，主要表现形式如下所述。

　　1）普通生产方式生产的牛羊肉。这些产品主要来自于传统生产方式，以自然淘汰的牛羊为主；小型家庭农场成为保证全球动物蛋白安全的重要组成部分。全球有约 13 亿的小农户人口，为发展中国家提供了 80% 的粮食供给。小型农场为全球生产 19% 的肉、12% 的奶。

　　2）集约化方式生产的产品。主要是大型育肥场所生产的产品，集约化或大型养殖场育肥过程必不可少地需要大量的人工配合饲料，需要进行严密的动物保健，药品的使用量大，生产的肉奶蛋等畜产品有药物残留；同时，集约化养殖对环境的污染程度也加大。所以这类产品在市场上是最不受欢迎的，但是产品价格低是其主要优势。以美国肉牛育肥体系为例，美国谷物育肥肉牛生产的牛肉比例很高，然而草饲牛肉却深受消费者青睐。美国消费者更愿意花高价购买草饲牛肉，其原因主要是动物防疫情况好、环境可持续性高、肉品质高尤其是脂肪含量适中和脂肪酸结构更好。

　　3）有机畜牧业产品。有机畜牧业是近几年发展起来的，针对集约化生产提出的一种家畜养殖方式。在这种养殖方式下，家畜的集约化程度降低，饲养和育肥的过程更偏向于自然，化学品的使用受到极大限制，所以产品中的化学残留最少。但是相比集约化生产的产品，这种产品的成本高，受高价格的影响，市场接受程度有限。自 1990 年开始，有机食品的市场迅速扩展，到 2012 年，全世界有机食品销售达到 630 亿美元。2011 年的一项调查表明，世界约 0.9% 的农用土地用于有机生产，达到 3700 万 hm^2。

4）草地畜牧业产品。草地畜牧业是最高级的家畜产品生产方式，这种方式的生产过程天然、环保、成本低，产品的品质优良、安全，符合现代消费者的需要。草地畜牧业所依赖的优势资源是无污染、纯天然的草地资源。

草地畜牧业生产是草地与家畜的共生系统，其中家畜是草地经济功能的实现者。要实现草地畜牧业的可持续发展，不但要解决畜牧业生产的问题，而且还要研究草地的生态学问题。首先要了解草地系统的健康指标，掌握能够维护草地健康的技术和方法，提高草地的生产能力和维护其健康水平。同时也要了解家畜，因为家畜是草地畜牧业生产的主体，要提高单位家畜的生产水平，提高单位资源量的经济效益。要认识家畜在整个生产系统中如何影响草地资源，如何使家畜能够有效地利用草地资源，生产安全、优质的产品。

首先，从家畜生产角度认识畜牧业生产对草地生态系统的影响，见表 1-2。

表 1-2　畜牧业生产对草地生态系统的影响

正影响	负影响
放牧可延迟牧草成熟，从而维持牧草长时间处在生长期	牧草的生长强度降低，破坏牧草根系，降低牧草生长势，严重时会造成牧草死亡
放牧促进植物的分枝或分蘖，增加牧草的生长量	造成草地植物生长量与草地载畜量之间出现偏差，由于草地的退化，其他不可食杂草或灌木侵入，生物量和可食牧草量之间不一致
控制牧草叶片的适量分布	由于过牧，可食牧草的叶量大幅度减少，牧草的光合作用降低
提高牧草的营养价值	牧草对适合的水光温条件的反应时间增加，不利于牧草的再生
减少植物凋亡干茎数量，促进植物的再生长，提高地温	草地发生退化演替：优良牧草被非优良牧草取代，草地质量下降，会造成毒草和其他非牧草植物的侵入，最终导致草地的废弃
促进草地生态系统营养物质的循环，增加营养物质的保有量	高牧草和中等高度牧草消失，最终只留下低矮牧草，使草地的利用能力降低
减少表面积，从而减少水分蒸发，有利于保持水分	杂草和毒草的侵害程度加大，进一步降低草地的质量
通过选择性放牧，促进牧草组成的多样性	过度放牧造成土地板结，蓄水能力降低，通透性变差，植被覆盖度降低，土壤风蚀严重，水土流失加重
放牧有利于牧草种子的落地、发芽	草地的生物多样性丢失
家畜唾液对牧草的生长有促进作用	载畜能力下降

从草地本身来讲，草地具有多重功能：经济功能、生态功能、人文功能等。特别是当今草地的生产功能或经济功能已经越来越与草地的生态功能紧密相连，当谈到草地的时候，我们一般都要谈到草地的生态功能。然而，从生产者角度来看，草地的经济功能仍然是最重要的指标。因此，要从生产的角度来认识草地，从经济的角度来谈草地的管理。要把草地和家畜作为一个整体来研究，只有这样，才能真正认识家畜生产系统，实现家畜生产系统的可持续发展。目前对草地功能

的认识及对草地的管理主要强调了其生态功能，而对家畜生产系统的研究，特别是对家畜的研究比较少。当我们强调草地的生态功能时，不能忽略草地的生产功能。草地不但承担着生态功能，同时生产功能也是非常重要的一部分。与此同时，由于中国草地主要分布在少数民族集聚区，所以草地所承担的人文功能也是很重要的一个部分。

全球现在面临着人口增长、气候变化、水资源缺乏、食品供应紧张、空气污染、草地退化、生物多样性丢失等诸多问题，草地畜牧业承担着前所未有的生产压力，如何认识草地所固有的生态、生产、文化、娱乐等多元属性，从而使草地生态系统得到保护，草地健康水平得到提高和改善，是摆在我们面前的重要课题。我们需要重新定义畜牧业生产，把畜牧业的"工厂化"生产理念，用"管理良好的收获型生态系统"理念所代替，为现代畜牧业赋予它应该具有的多重属性。工厂化理念下的畜牧业生产视生产为孤立的体系，所有其他因素都是外部因素。而生态系统理念则认为在生产体系中所有的因素包括生态、环境因素都是体系内部因素；因此，需要良好的管理实现众多因素的协调。这是工厂化理念和生态系统理念的核心区别。

1.3　中国草地畜牧业发展和面临的挑战

中国的畜牧业从 20 世纪 80 年代开始快速发展，目前，无论从总量上还是从质量上看都有了很大的改观。中国畜牧业的快速发展得益于经济的快速发展、人民生活水平的提高及技术创新和应用等诸多方面。到 2014 年，中国的生猪存栏量已达 4.8 亿头，鸡 46 亿只，鸭 6.65 亿只。全国的绵羊饲养量达到 1.95 亿只，山羊达到 1.86 亿只，肉牛数量 1.14 亿头。

中国的畜牧业根据生产地区属性分为两大区域，即西部和北部的草地畜牧业生产区，以及东部和南部的农业生产区。这两个区域内畜牧业的生产方式和生产内容都有很大的区别。农业生产区主要的生产体系为集约型生产体系和混合型生产体系。在集约型生产体系中主要是工厂化的生产方式，其主要产品是家禽和生猪；而混合型生产体系，虽然是畜牧业生产体系中的一个部分，然而绝大部分的生产都来自非家畜生产活动或主要来自农业生产。在西部和北部的草地畜牧业生产区，草地畜牧业是主要的生产体系表现形式。草地畜牧业是以利用草原、草山草坡及其他可放牧地进行畜牧业生产。同时，在中国两大生产区域之间还存在着过渡带，即半农半牧生产区，在这个区域内既有草地畜牧业也有混合型生产体系的存在。

中国草地畜牧业的生产区域，主要位于环境较为脆弱的西北部，这个区域也是中国天然草地的主要分布区域。中国西北部草原生态系统相当脆弱，草地生态系统在中国西北部的生态环境中具有很重要的地位。20 世纪 70 年代前，由于人口压力和粮食生产压力，西部大量的草地被开垦、开发。农业生产、畜牧业生产的数量增长是追求的第一要素，草地可持续发展被严重忽略，中国西北地区的环境状况也随之日趋恶化，主要表现为沙尘暴频发，土地沙化、盐碱化、水土流失、风蚀严重，植被破坏严重，草原大面积开垦。同时，家畜数量的不断增加及持久性的放牧方式，造成了草原的严重退化，草地生产能力持续下降，载畜能力不断减弱，出现恶性循环的生态现象。中国草原的退化，直接原因是超载放牧和落后的草地管理。而草原的退化又直接导致了水土流失、土壤盐碱化、土地沙漠化等严重的生态后果。目前中国北方的退化土地面积达到 137.77 万 km^2，其中 33%是过度放牧造成的，10%是开矿等非农业活动造成的。草地退化已经威胁到了广大牧区牧民的生计和当地经济的可持续发展。

草地畜牧业的可持续发展是中国面临的重要挑战，这种挑战不仅是经济问题，同时还有生态问题、社会问题甚至政治问题。中国西北部沙尘暴频发是近几年公众和媒体广为关注的环境问题之一，仅在内蒙古境内，从 1950～2000 年干涸湖泊、河流的面积就增加了 $500km^2$，这些干涸的河床和湖泊成为沙尘暴的第一大成因，而造成这种后果的主要原因是大面积草原的开垦和开发，以及草地的退化。另外，沙尘暴形成的第二大成因是西部草原的严重退化，植被的覆盖度明显减低。保护草原，进行植被恢复是减少沙尘暴的最有效途径。沙尘暴的发生不仅影响到环境的质量，而且可造成严重的经济损失。风蚀被认为是对农业可持续发展最大的威胁，因为风蚀可造成地表有机物的大量损失，降低土壤肥力，每年风蚀造成的地表氮、磷及其他有机物的损失量达到 5600 万 t，这种趋势如不能有效抑制，最终可导致土壤肥力的严重下降，土壤有机质含量丢失，通透性降低、土壤板结、水渗透性丧失，土壤结构改变等严重后果，最终导致土壤保水力丧失、土壤营养物质丢失等不可逆转的后果。目前，中国土地沙漠化（desertified），即退化干旱土地（dryland degradation）面积约 260 万 km^2，且增速较快。据估计，20 世纪 90 年代，土地沙漠化速度为 $2460km^2$/年，而这个数值在 70 年代和 80 年代分别是 $1560km^2$/年和 $2100km^2$/年。根据我国 2000 年的第二次全国土地侵蚀遥感调查，受侵蚀土地面积约为 356 万 km^2，约占国土总面积的 37.1%，其中，约 45%来自水蚀，55%来自风蚀。在北方地区的实验表明，每年沙尘暴造成的土壤损失平均为 $9～120t/hm^2$，受侵蚀的土壤深度约为 1cm，风蚀引起的土壤有机碳、有机氮的损失每年分别达到 $59～1160kg/hm^2$、$6～100kg/hm^2$。如果考虑沉降，那么净损失分别达 $53～1044kg/hm^2$、$5～90kg/hm^2$（Wang et al., 2006a）。

草地与家畜是共生性的系统，它们共同组成草地畜牧业生产体系，这个系统与其他任何系统不同的是，它既有生产属性又有生态属性。我们已经研究了很多有关草地的生产属性。就其生态属性来讲，草地生产系统的可持续必须要在生产过程中实现，保证草地生态系统的健康和可持续，从宏观经济学的角度来讲意义也是重大的。众所周知，广大西北地区是我国草原的主要分布地区，也是我国重要江河的发源地，因此草地生态系统所承担的生态功能不容置疑。

　　本书将重点讨论草地畜牧业生产体系中的草地管理理论和家畜管理理论，并以此进行实践，讨论如何通过草地管理和家畜管理实现草地畜牧业的可持续发展。

第2章 畜牧业生产体系定义及分类

全球人口快速增长，社会经济发展，人民生活水平提高，以及城市化进程加快等促进了对农畜产品需求量的迅速增加，农牧业生产与发展对自然资源的压力也随之加大。与此同时，在人口压力、技术革命和全球变暖等因素影响下，土地开发利用也趋向多元化，种植业生产不断向传统畜牧业生产地区延伸，畜牧业生产体系也不断发生调整和变化。特别是在干旱和半干旱地区，由于种植业生产的扩张和延伸，畜牧业更深入地影响到原本已非常脆弱的环境，对生态系统造成了前所未有的压力和破坏。

畜牧业生产为人类提供了约 17%的食品热量及超过 1/3 的动物性蛋白。与此同时，家畜消耗了约 60%的全球作物（收获）生物量，同时畜牧业耗水量占农业生产耗水量的 30%，畜牧业主宰了农业生产的氮素循环。

畜牧业生产，作为自然资源的利用单元、农（牧）民的生计来源、社会经济增长的引擎，其重要性在近十几年来受到广泛关注。畜牧业是地球上现存最大的土地利用生产系统，约占世界非冻土面积的 30%，贡献了 40%的世界农业生产总值（GDP），为超过 13 亿人提供了收入，并为至少 8 亿人提供了营养。同时家畜生产利用大量草地资源，消耗世界 1/3 的淡水资源，并利用世界 1/3 的耕地面积来生产饲料。

家畜生产体系是以土地资源为基础的大农业生产。因此，家畜生产体系对生态环境的影响最直接，且范围广、时间长。要实现家畜生产体系的可持续发展，不但要研究资源的利用，同时要研究家畜生产体系对政策、技术及公众的支持需求。

家畜生产体系是农业生产体系的组成部分。家畜生产体系的变化和发展是农业生态系统内对资源优化利用的结果,是生产体系对市场需求增长和变化的反应。根据数量指标和客观指标对家畜生产体系进行分类，是定量和定性家畜生产体系特征的主要方法。通过对家畜生产体系的分类，为研究各类生产体系提供了一个基本的思路与统一的尺度和方法。掌握不同家畜生产体系的特征，包括地域分布、生态环境、资源、畜种、管理方式、市场、发展方向和面临问题等，能帮助我们掌握不同生产体系之间的互作，了解生产体系对环境的影响，掌握生产体系进化、发展、运作规律，从而增强生产体系内所实施政策的针对性、技术的适用性，了解促进生产体系进化和发展的最佳途径，实现家畜生产体系的可持续发展。

家畜生产体系的进化和发展对环境的影响是复杂和深远的。研究畜牧业生产体系，特别是研究草地畜牧业生产体系，对于认识和了解家畜生产对生态系统的影响，促进政策、技术、经济和文化对家畜生产体系的有效支撑，对实现可持续发展有着重要的作用和意义。

2.1　畜牧业生产体系的概念

2.1.1　家畜生产和环境的互作

畜牧业生产体系是农业生产体系中的亚生产体系之一。畜牧业生产体系是以饲料作物生产，天然草地、人工草地及其他边际型草地为资源，以生产动物产品为目的的共生性生产体系。畜牧业生产体系中家畜是生产的主体，饲料作物，草地，包括土壤和植物，是通过家畜或以家畜产品为载体实现其经济价值。因此，畜牧业生产的基础是利用资源，资源利用的合理性、科学性是保证资源再生属性的前提。

从畜牧业的生产方式来讲，草地畜牧业是其中最重要的一种形式。因为草地畜牧业是畜牧业最基础、最传统的生产方式，现代畜牧业就是从传统的草地畜牧业发展而来。目前，草地畜牧业仍然是全世界畜产品的重要生产来源。世界草原的总面积为 45 亿 hm^2，约占陆地面积的 24%，仅次于森林生态系统。在生物圈固定能量的比例中，草原生态系统约为 11.6%，也居陆地生态系统的第二位（表 2-1）。世界上草原面积比较大的国家有：澳大利亚、中国、美国、俄罗斯、加拿大、阿根廷和墨西哥等。

表 2-1　世界各大洲草地面积统计表

地区	草地面积/百万 hm^2	占世界草地面积/%	占其土地面积/%
全世界统计	3158	100.0	24
非洲	778	24.7	26
亚洲	645	20.4	25
大洋洲	460	14.6	55
南美洲	456	14.4	26
北美洲	265	8.4	14
中美洲	95	3.0	32
欧洲	86	2.7	18
苏联	373	11.8	17

资料来源：章祖同和刘起，1992

　　全世界放牧利用的土地面积约为 3300 万 km^2，约占 25% 的全球地表面积，是世界上面积最大的土地利用方式。草地面积的前五大国家是：澳大利亚 440 万 km^2；中国 400 万 km^2；美国 240 万 km^2；巴西 170 万 km^2；阿根廷 140 万 km^2 （Asner et al., 2004）。

　　中国的草地面积占整个国土面积的 41%，其中新疆、西藏、青海、内蒙古、四川和甘肃是主要的六大牧区，这六省（自治区）的草原面积达到 300 万 km^2。另外，中国南方，如贵州、云南等省份还有少部分可用于放牧的草山、草坡和其他草地。草地畜牧业在全世界各国都具有举足轻重的位置。全球有超过 10 亿个动物单位（animal unit，AU）存在于放牧生产系统。各类家畜从草地所获得的营养总量分别为绵羊和山羊 80%，肉牛 74%，其他家畜大约 50%。在畜牧业发达的国家，由于集约化程度的不同，家畜从草地上获得的总营养量也不同，家畜对草地的依赖程度也有不同。在美国，由于家畜的集约化程度很高，天然草地放牧为家畜提供的营养量有所下降，大约占 40%，人工草地提供 20%，其余的 40% 为各类蛋白质、能量等精饲料、添加饲料。

　　不难看出，不同的生产方式，草地对畜牧业生产的贡献量也不同，但无论何种生产方式或生产体系，草地仍然是草地畜牧业的资源核心，草地提供了绝大多数草食家畜的饲料来源。不同的生产体系下，家畜的管理技术不同，不同生产体系所包含的家畜种类也不同，家畜对草地资源的依赖性有强有弱，家畜对整个生态系统的影响程度也不一样。所以我们有必要对生产体系进行分类，从而掌握和了解生产体系内家畜与草地系统的互作，以应用不同的技术和不同管理方式，实现畜牧业生产体系的可持续发展。

　　家畜与生态系统的关系及互作可以总结为以下几点。

　　1）研究家畜对土地资源即草地资源的利用，特别是家畜生产对干旱、半干旱草地的利用和对草地系统的影响。这类草地的生产能力易受气候变化影响，生产能力的变化很大，加上脆弱的生态环境，家畜生产对生态的影响更大。

　　2）由于人口增长的压力，潮湿地区的森林也受到家畜生产的影响。例如，南美洲的巴西、洪都拉斯等国由于发展畜牧业生产而砍伐森林变成了放牧地。虽然到目前为止，还很难得出畜牧业生产对世界森林地的确切影响，但是有必要研究和了解这方面的问题及影响，做到有备无患。

　　3）家畜粪便和其他动物废弃物有多重生态作用。一方面，家畜粪便和其他动物废弃物为农业生产提供了肥料和燃料，但另一方面，也可能造成环境的污染，特别是集约化或集中养殖生产方式下，会造成较大的环境污染。

　　4）城市化和经济快速发展的情况下，城市周围畜产品加工、家畜屠宰加工及皮革加工等企业会应运而生，这些加工企业会产生大量的废弃物，而这些废弃物可能对环境造成污染。这也是家畜生产可能对环境造成次生影响的重要形式。

5）反刍家畜是温室气体的重要贡献者，虽然有关家畜生产对全球温室气体贡献量的数据众说纷纭，数据从 8%～18%均有（O'Mara，2011；Bellarby et al.，2013）。并且当家畜饲料质量差时，家畜排放甲烷的量更大。如何改善家畜饲料品质和采食量，从而减少甲烷的排放是草地畜牧业可持续发展研究的重要内容，也是家畜生产影响环境的一个重要研究领域。

6）大多数家畜生产体系都以追求高生产效益为目标，在这种情况下，生产水平高的改良家畜品种不断引进，而原始本土品种被不断地取代或改良，造成家畜遗传多样性的丢失。这在家禽和猪生产业中表现得尤为突出。另外，在较为严酷的生产环境中，原始品种对环境的适应性远远胜于改良品种，因此对品种的评价应该更多地考虑适应性，而不能只考虑生产水平。

7）人口增长和经济发展导致了畜产品需求量的不断增加，进而造成畜牧业生产集约化程度的不断提高，而集约化家畜生产对谷物的需求远远大于草地畜牧业或传统畜牧业。这不可避免地会造成作物生产的持续扩大，进而造成更多的草地或其他生态土地被作物生产所占用，导致不可避免的生态后果。这也是家畜对生态系统影响的方面。草地畜牧业的发展对野生动物的保护也提出了挑战，需要认真研究。

8）家畜生产与种植业生产的结合或种植业-家畜混合型生产体系具有特殊的生态意义，并且可以被认为是可持续生产体系的重要形式。家畜生产可促进生产体系内部营养素的循环，同时家畜生产可以更多地利用农业生产副产品，所以生产体系附加值更高，效益更好。同时，家畜生产还促进了固氮作物和饲草料的生产，促进土壤有机物含量提高，改善土壤肥力，减少水土流失。

2.1.2　家畜生产体系分类

2.1.2.1　家畜生产体系的分类原则

家畜生产体系是家畜和资源的共生体系，家畜是生产体系中作用于生态系统的主体。要实现家畜生产的可持续，就必须研究和划分家畜生产体系，目的就是了解和研究家畜与生态系统的互作，掌握家畜生产对环境的影响，说明不同生产体系对生态系统保护的重要性，促进生产系统的可持续发展。可从以下几个方面定量和定性地划分生产体系的类型和特点：

1）定义和说明不同生产体系内的重要资源要素，如生态因素、地理因素和生产因素等；

2）定性和定量分析不同家畜生产体系内饲料供给、家畜种类、畜产品种类、生产技术应用、畜产品开发、家畜生产性能、地理分布等因素；

3）根据生产体系对生态系统的影响程度，结合家畜生产体系所处宏观农业生态系统的状况，对家畜生产体系进行评价，为决策者提供依据。

2.1.2.2　家畜生产体系的分类方法

（1）根据生产管理方式分类

分为集约型家畜生产体系和非集约型家畜生产体系。这种划分方法的主要依据是家畜生产体系内对技术应用、土地利用、劳动力利用和资源利用的密集程度及畜产品生产的效率。集约型生产体系是专门化的生产体系，是现代畜牧业发展的重要形式；集约化家禽和生猪养殖业是典型代表。而非集约型生产体系主要是指传统的草地畜牧业生产和自给自足式的家畜生产。

（2）根据生态系统类型分类

分为草地畜牧业生产体系和农区畜牧业生产体系。这是根据家畜生产所处的生态系统来划分的生产体系。草地畜牧业生产体系是指以草原和各种不同类型的草地为资源基础，以放牧为主，以反刍家畜牛、羊为主要畜种的生产体系。中国草地畜牧业主要分布在西部和北部地区，有 1.5 亿只绵羊和 1.8 亿只山羊主要分布在这个区域。农区畜牧业生产体系则是以农作物和农作物副产品为资源基础，以禽、猪等为主要畜种的生产体系。农区畜牧业生产体系是我国东南部地区的主要家畜生产体系类型。到 2014 年，全国生猪存栏数达到 4.8 亿头，鸡的数量达到 46 亿只，鸭的数量达到 6.65 亿只。

（3）根据生产活动内容分类

这种划分是根据生产体系内部的生产活动内容来确定，主要包括专门化家畜生产体系和混合型生产体系。专门化家畜生产体系内各项活动是以家畜产品的生产为核心，其他一切生产活动都是围绕家畜生产进行的，是家畜生产活动的附属和支持。工厂化家畜养殖、牧区草地畜牧业都是这种生产体系的代表。混合型生产体系中家畜生产只是生产系统内两个或多个生产活动中其中一种生产活动。家畜生产也许是重要的生产活动，也可能是辅助生产活动，生产活动的主次主要是根据生产活动所能产生的效益和生产活动对资源的利用效率来确定。在中国，长期以来大部分农业生产区作物生产一直是主导性的生产活动；近几年来，随着经济的发展和市场的变化，养殖业正在逐渐地取代传统作物生产，成为农区生产活动的主体。

（4）根据家畜生产体系内生态及生产要素定性定量分类

这种划分体系是由 Carlos Sere 和 Henning Steinfeld 共同研究提出的，他们对生产系统内的多种生产、生态、地理要素等进行了定量和定性分析，共提出了 11 个类型的家畜生产体系（图 2-1）。

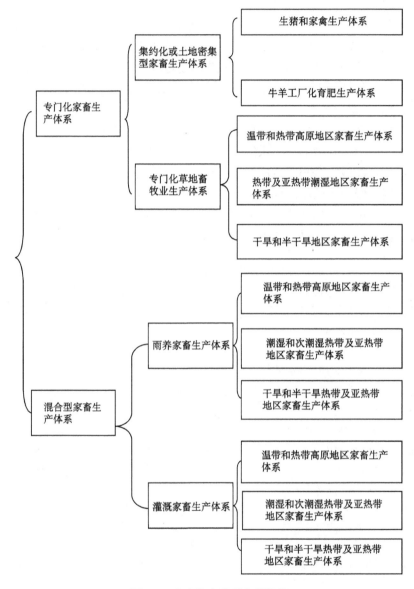

图 2-1　家畜生产体系分类构架

这一套分类系统，比较全面地、定量定性地研究划分了家畜生产体系，对生产体系内部所涉及的生态、地理、家畜、资源、产品等诸多因素都进行了考虑和权重，比较科学合理地划分了家畜生产体系的类型、特点及分布。对研究家畜生产体系、提供决策依据、确定生产方式、进行家畜遗传改良等都有积极的作用。

2.1.3　农业生产体系的主流分类方法

没有任何一个分类方法是综合的、完美的。（现代）农业生产体系分类的研究可以追溯到 20 世纪 30 年代。理想状态下，分类系统应该包含以下几点要素。

灵活性：理想的分类系统不需要预先设定好一套分类体系，而是应该建立起一个框架，方便使用者自己去定义待研究的体系，并保证体系之间的区别是关联的、可比的。

一致性：区分不同体系间的要素应该是量化的、可测的、客观的。

可用图表示：高效的分类系统，应当能在空间上界定或标明不同体系。

层级性：高效的分类系统应该是层级式或分级的。不同级别的不同之处能明显区分且同一级别下的不同要素能保持较好的一致性。

在 Robinson 等的研究报告 *Global Livestock Production Systems*（FAO）中提到了 6 种分类方法，具体见表 2-2。

表 2-2　现代农业系统分类方法比较

类别	如何处理作物	如何处理家畜	多少类别	能否映射优缺点
Ruthenberg 法	1）耕作程度 2）森林、灌木、草原、牧草 3）作物种类 4）灌溉还是雨养	运动或持久程度	八大类	范畴太宽而不完全
Grigg 和 Whittlesey 法	1）作物种类 2）商业化 3）区域生态/农业生态	运动或持久程度	九大类	系统不完全，有选择余地
Dixon 法	1）作物种类 2）商业化 3）区域生态/农业生态	运动或持久程度	八大类，全球 72 个类型地区	模糊推导，难以准确利用现存的全球数据
Sere 和 Steinfeld 法	1）是否有作物 2）灌溉还是雨养 3）农业生态	1）无耕地或草地依赖性 2）农业生态	十一大类	以家畜为基础，所以作物系统的类别不能用替代品近似地描绘
明确农业生态区法	与作物对投入和技术需求相匹配的土地可持续性	未处理，尽管包含在内	根据需要	容易描述评估结果可能是什么，而不是实际是什么
统计分类法	基于作物密度和强度的聚类空间单位	基于家畜密度的聚类空间单位	根据需要	容易描述任意性、敏感性数据，不可重复

从严格意义上来讲，在上述分类系统中，专门的家畜生产体系分类，则是 Sere 和 Steinfeld（1996）提出的包含农业生态学因素的分类方法。但是这种方法也存在缺陷，Robinson 等提出 Sere 和 Steinfeld 的分类系统意图合并一些相似体系，而在混合体系下未表明区别，也没有说明在家畜生产实践中的重要差异，如以草地为基础的生产系统中牧民和牧场主的一致性，但显然他们不是等同的。且这种分析在以户为单位的层面难以说清对可持续生产改变的潜在影响。

2.2　畜牧业生产体系分类

2.2.1　基本概念

生产单位（production unit）：家畜的基本生产过程中可以用作资源配置的最小单位。

农业生产体系（agriculture production systems）：生产相同产品并具有相同功能和生产结构的农业生产的统称。

家畜生产体系（animal production systems）：它是农业生产体系的亚体系，在整个农业生产体系中的产值贡献应该在 10% 以上，或者其消耗的动力、肥料和其他形式的生产资料价值不低于整个农业生产体系所消耗生产资料的 10%。

家畜单位（animal unit）：在单位时间内，一头标准体重的家畜对饲料的消耗量，是草地畜牧业进行载畜量计算的重要计量单位；国外多采用标准牛单位表示。在不同的社会经济条件下，对家畜单位的定义有所不同，主要是为了满足畜牧业生产评价的需要，如美国草地管理学会 1974 年制定的牛单位的含义为，1 头体重 454kg 的成年母牛或与此相等的家畜，平均每天消耗牧草干物质 12kg。中国北方干旱地区草地以养羊为主，故多采用标准羊单位。王栋 1955 年提出的标准羊单位含义为，在放牧季中能供给 1 只体重 40kg 的成年母羊及其所哺乳的 1 只羔羊平均每天的牧草消耗量（鲜草 5～7.5kg）；1981 年全国首次草地资源统一调查规定，南方草地载畜量用标准黄牛单位表示，其含义为 1 头体重为 200kg 的成年黄牛日采食鲜草 26kg。应该注意的是在不同地区，家畜单位会出现比较大的变化。例如，热带地区家畜的体格和平均胴体重一般小于温带地区的家畜，而这里所采用的标准家畜单位是根据发达国家牛胴体重和牛体格的平均大小确定的，在具体运用时应该对家畜品种的体格大小、胴体重水平进行考虑，这才能确保所用的家畜标准单位更加准确。根据研究，亚洲的一个牛单位相当于 0.42 个标准家畜单位。

农业生态区的划分：划分农业生态区的主要依据是生长期（LGP），潜在土壤蒸发蒸腾总量（PET），包括超过 100mm 土壤水分蒸腾、蒸发量的天数，而不包括平均气温低于 50℃ 的天数。

干旱地区：生长期（LGP）小于 75 天。

半干旱地区：生长期（LGP）在 75～180 天。

次潮湿地区：生长期（LGP）在 181～270 天。

潮湿地区：生长期（LGP）超过 270 天。

2.2.2　家畜生产体系的分类

在理论及生产实践中，家畜生产系统的分类有两个方面。首先是将家畜系统从混合农业系统中区分出来，称为单一家畜系统。在单一家畜系统中，饲喂动物所用的饲料以干物质计算，90%以上来自放牧及从外面购买的饲料，同时低于 10%的生产总值来自非畜牧业生产。在混合农业系统中，饲喂动物所用的干物质 10%以上来自作物副产物，高于 10%的生产总值来自非畜牧业生产。其次将单一家畜系统分成两部分，第一部分是依赖于草地的生产系统（LG），该系统中饲喂动物所用的 10%以上的干物质由农场生产，且年均载畜量小于每公顷农业用地上的 10个家畜单位。第二部分是无土地占用家畜生产系统（LL），该系统中饲喂动物所用的干物质不足 10%是由农场生产，且年均载畜量大于每公顷农业用地上的 10个家畜单位。将无土地占用家畜生产系统进一步分为两类，第一类是单胃动物生产系统，该系统中单胃动物（猪、禽）产业的产值高于反刍动物（牛、水牛、绵羊、山羊等）产业；第二类是反刍动物生产系统，该系统中反刍动物（牛、水牛、绵羊、山羊等）产业的产值高于单胃动物（猪、禽）产业。混合系统也分为以下两类：一是旱作农业系统，该系统中超过 90% 的非畜牧业产值来自旱作土地。二是灌溉农业系统，该系统中超过 10% 的非畜牧业产值来自灌溉土地。

上述单一家畜系统和混合农业系统的定义可以根据气温和作物生长天数（LGP）进一步用农业气候术语来描述，农业气候分类如下所述。

干旱和半干旱：作物生长天数（LGP）≤180 天。

湿润和半湿润：作物生长天数（LGP）>180 天。

热带或温带地区：温带区域是指以海平面为标准的月平均气温低于 5℃的时间为 1 个月或多于 1 个月的地区。热带高原地区是指作物生长期日平均气温为 5～20℃。

Sere 和 Steinfeld 系统包含了 11 个系统类型：单一家畜系统、草地依赖性系统（LG），都存在于干旱和半干旱、湿润和半湿润、热带或温带地区 3 个农业生态区域；无土地占用单胃动物生产和无土地占用反刍动物生产；在 3 个农业生态区域的混合、旱作农业系统，以及混合、灌溉农业系统。

综合国内外理论研究和生产实践，根据数量指标和客观指标，家畜生产体系分为以下几类。

1）专门化家畜生产体系：在专门化生产体系内，90%以上的家畜干物质采食量来源于草地和草原所生产的饲草及购进的饲料，而来源于非家畜生产活动的产值少于 10%。

2）集约型或土地密集型家畜生产体系：这一体系是专门化家畜生产体系的亚体系，在这一体系中少于 10% 的家畜干物质采食量来源于生产体系内部，同时每公顷农业耕地所承载的标准家畜数等于或超过 10 个。这一体系还可分为以下两体系。

单胃家畜专门化生产体系：在这一体系中，生猪生产和家禽生产总值超过反刍家畜生产总值。

反刍家畜专门化生产体系：在这一体系中，反刍家畜生产总值超过单胃家畜生产总值。

3）专门化草地畜牧业生产体系：这一生产体系是专门化生产体系的又一个亚体系，在这一体系内，家畜干物质采食量的 10% 以上来源于生产体系内部，且平均每公顷农业耕地的载畜量低于 10 个标准家畜单位。其中又可分为温带和热带高原地区、热带及亚热带潮湿地区、干旱和半干旱地区 3 个不同地区的生产体系。

4）混合型家畜生产体系：在混合型家畜生产体系内，家畜干物质采食量的 10% 以上来源于作物生产或作物副产品，或体系内超过 10% 的生产总值来源于非家畜生产。这一生产体系包括混合型雨养家畜生产体系和混合型灌溉生产体系两种。

5）雨养家畜生产体系：雨养家畜生产体系是混合型生产体系的亚体系，在这一生产体系中，90% 以上的生产总值来源于雨养耕地的非家畜生产活动。包括的地区有：温带和热带高原地区、潮湿和次潮湿热带及亚热带地区、干旱和半干旱热带及亚热带地区 3 个不同地区的生产体系。

6）混合型灌溉生产体系：这一生产体系是混合型生产体系的另外一种亚体系，这一体系中 10% 以上的非家畜生产总值来源于灌溉耕地生产。其中同样包括：温带和热带高原地区、潮湿和次潮湿热带及亚热带地区、干旱和半干旱热带及亚热带地区 3 个不同地区的生产体系。

综上所述，家畜生产体系分类构架见图 2-1。

2.2.3　家畜生产体系分类的目的和意义

根据数量指标和客观指标对家畜生产体系进行分类是定量和定性研究家畜生产体系特征的主要方法，通过对家畜生产体系的分类，为研究各类生产体系提供了一个基本的思路及统一的尺度和方法。掌握不同家畜生产体系的特征，包括地域分布、生态环境、资源、畜种、管理方式、市场、发展方向和面临问题等，能帮助我们掌握不同生产体系之间的互作，了解生产体系对环境的影响，掌握生产体系进化、发展、运作规律，从而增强生产体系内所实施政策的针对性、技术的适用性，了解促进生产体系进化和发展的最佳途径，实现家畜生产体系的可持续发展。

家畜生产体系包括 11 种类型，这 11 种家畜生产体系的分类指标包括：生产体系的资源数量，家畜种类，家畜生产总量及家畜生产率，管理集约化水平的定性衡量指标等。同一种生产体系在不同地区和地域也会有不同特征，主要是生产目的、生产效率、管理方式及集约化水平上的差异。不同家畜生产体系也可能存在于相同的地区，但其家畜种类和生产活动是不同的。各生产体系之间存在着相互依赖和相互作用，特定生产体系的开放性决定了生产体系之间的相互影响程度，开放程度越高影响越大，开放程度越低影响就越小。生产体系之间的相互影响主要通过饲料资源、投入等渠道产生。开放程度越大依赖其他生产体系的程度就大，直接影响生产体系内的营养体循环，最终体现在该生产体系对环境的影响程度上；营养体的循环良好，生产体系对环境的影响小；营养体的循环滞涨，生产体系对环境的影响就大。

土地依赖型家畜生产体系仍然是世界畜牧业的主体，这一生产体系总共生产了占全世界总产量 88.5% 的牛肉、61% 的猪肉、26% 的家禽。如果从总产肉量计算，土地依赖型家畜生产体系总共生产了全世界 60% 的家畜肉产品。从全球角度看，养猪业仍然是世界家畜肉产品的主要提供体，生产的猪肉总量占全世界家畜肉的43%；肉牛业为第二，生产的牛肉总量占全世界家畜肉产量的 31%；第三位是家禽业，禽肉总产量占全世界家畜肉的 26%。在土地依赖型家畜生产体系中，集约型反刍家畜生产体系所提供的家畜肉产品仅占全世界肉产量的 9.3%，奶产品总量仅占全世界奶产品的 7.9%。绝大部分的家畜产品仍然是由混合型家畜生产体系提供。因此，混合型家畜生产体系和单胃家畜生产体系将是今后世界家畜生产体系发展最快的畜牧业生产体系，也是世界家畜产品的主要提供体。在我国，虽然集约型家畜生产体系在不同地区也有发展，但是绝大部分家畜产品的提供体仍然来自于混合型生产体系，混合型生产体系也是绝大部分农村人口收入的主要来源。当然，混合型生产体系的生产水平在不同地区，以及同一地区的不同生产主体之间存在相当大的差异，主要表现在技术水平、管理水平及社会基础设施建设和市场发育水平等方面。我国混合型生产体系的提高和改善，一方面需要政策的扶持，但主要的驱动力还应该是市场需求及生产技术的提高。

2.2.4 家畜生产体系的特点和分类

生产体系中的重要因素是资源的利用及效率。要考虑资源的利用就要考虑生产体系的产出，这样才能评价或研究生产体系的可持续性，生产体系对生态的影响是否是积极的，生态系统是否处于健康状况。在家畜生产体系的特点描述中，主要描述生产体系与生态系统的关系、影响及生产体系本身的发展趋势。

2.2.4.1　草地畜牧业生产体系

草地畜牧业生产体系是全世界畜牧业生产的主要形式之一，全世界肉产量的 3/4 是由草地畜牧业所提供。

（1）温带及热带高原地区草地畜牧业生产体系

一般来讲，气温是温带及热带高原草地畜牧业生产体系的主要生态限制因素，这些地区一年中有 1～2 个月平均气温低于 5℃（校对后的海平面标准温度）。低的气温影响草地生产能力，进而也限制草地畜牧业生产的效率。我国有近 41% 的草原面积分布在温带干旱地区，38% 的草原分布在青藏高原地区。这是我国草地生产体系的主要生态特点。

1）资源、畜种与生产。

一般来讲，温带地区家畜品种对热带高原的适应性都比较强，但海拔过高也可能会降低温带地区家畜对热带高原地区的适应性。在高原地区，当地品种仍然是最适应和最重要的家畜品种，如青藏高原的主要畜种是藏绵羊、山羊和牦牛。

在我国，草地畜牧业粗放型管理、自给自足的生产方式仍然占主体地位，对草原改良的投入很有限或没有投入，因此家畜载畜量对草地生态系统的影响非常大，而且草地生产能力受季节性影响和气候变化的影响也很大，整体生态系统较为脆弱。

新西兰家畜生产体系是现代草地畜牧业的典型例子，牛羊品种的专一化和选育程度高，技术的利用和对草地的高投入，使单位草地面积的畜产品生产量也处于高水平。新西兰以放牧为主的养羊业和奶牛业在世界上具有非常高的竞争力。澳大利亚草地畜牧业具有另外一种特点，即实行区域性专业生产，根据不同草地类型和降雨量实行不同的生产模式和区域布局。目前，澳大利亚按 3 种类型划分区域进行管理和使用：一是天然草场粗放经营区，这个区域是年均降雨量 380mm 以下的地区，主要利用天然草场实行低密度放养家畜，约 3.3hm² 草地养 1 只羊，以饲养美利奴羊为主，羊的养殖数量不到全国的 30%。二是小麦种植和养羊兼营区，这个区域是年均降雨量 380～500mm 的地区，家畜放牧的密度较高，大约 0.33hm² 草地养 1 只羊，主要饲养肉羊和肉牛，羊的养殖数量占全国的 40%。三是高雨量区，这个区域是年均降雨量超过 500mm 的地区，该地区实行高密度放牧，每亩①草地可养 1 只羊，主要靠人工种植牧草，以饲养奶牛、肉牛和肉羊为主，羊的养殖数量占全国的 30% 以上。这种因地制宜的放牧管理制度，即以草定畜种，以草定载畜量，从而合理利用草原，保持草地的水土和肥力，又实行种草

_____

① 1 亩≈666.67m²。

养畜，防止超载过牧导致草场退化，稳定提高了草场和耕地的生产能力。

相同的生产体系其生产方式会出现很大的不同，澳大利亚、新西兰草地畜牧业主要是以外向型为主，尤以新西兰的草地畜牧业最为典型。而我国草地畜牧业主要是以满足当地消费为主，个别地方也有出口，但是比例很小。

2）面临的问题和发展趋势。

全球草地生产系统所涉及的人口有 1.9 亿，仅占全球人口的 3.5%，其中将近一半生活在亚洲。中国有超过 4000 万人生活在 3.9 亿 hm^2 的草原上，畜牧业发达国家从事草地畜牧业的人口总数只有 1400 万人，仅占人口总数的 1.7%。但是，发达国家该生产体系下人均所占草地的面积和人均肉牛、肉羊数量却远远高于其他地区。

由于市场需求的变化及草地生态系统的多种复杂因素，特别是需要维护草地生态系统的健康和可持续发展，草地畜牧业生产能力在特定的生态环境下必须要有限制。另外，以生猪和家禽为主的集约型生产体系和混合型生产体系的发展，其生产效率不断提高，产品的市场占有率也不断提高，所以草地畜牧业产品的市场份额在下降。同时，全世界，特别是亚洲各国温带和热带高原地区的草地畜牧业正在面临草地退化的挑战。目前，我国 90% 的草地处于不同程度的退化状态，造成了严重的环境问题。我国的绝大多数草原都处在生态较为脆弱的西北部地区，这些地区是我国主要河流的发源地，草地的退化已造成多种生态问题，如水土流失、草地沙化、沙尘暴频发、洪水灾害日趋严重等。草地管理和草地保护成为迫在眉睫的生态问题。草地还是大多数野生动物栖息地，因此，草地的保护还关乎生物多样性的保护。草地管理不仅要为畜牧业生产服务，与此同时还要考虑野生动物的保护、疾病的传播等问题。

草地畜牧业越来越表现出边际型生产特征，草地畜牧业生产体系与集约型家禽、生猪生产体系相比，绝对生产能力和效率相对较低。

从 20 世纪 80 年代开始，集约化养猪和家禽生产发展速度加快，草地畜牧业在整个畜牧业生产中的比例逐渐下降。在我国，草地畜牧业生产地区主要是少数民族聚集区，到目前为止，自给自足的生产方式还没有根本改变，草地畜牧业对当地经济的发展和牧民生计的改善会起到一定的作用，但是草地畜牧业本身的生产属性会越来越服从于生态属性，草地畜牧业的生产属性将会有一定下降。但是，由于中国的人口压力是长期的，草地畜牧业的生产属性还将长期存在，同时市场对草地畜牧业产品的需求也将进一步促进高附加值、高效率的生产活动。

发达国家草地畜牧业由于受过剩畜产品生产能力的影响，草地的生态价值显著高于生产价值。草地畜牧业的发展会越来越强调其可持续性，注重草地的健康和环境属性，注重草地的文化娱乐属性，强调草地在野生动物保护、生物多样性保护中的重要作用，强调水土保持和水源地保护的作用等草地的生态服务功能。

在发达国家，未来草地畜牧业的发展将追求非集约化生产方式，增大生产规模，同时更多地强调生产效益与环境友好的协调关系。

（2）热带及亚热带潮湿地区草地畜牧业生产体系

一般来讲，热带及亚热带潮湿地区草原有 180 天以上的植物生长期，而且主要的生产区集中在次潮湿地区；根据生产体系的定义，草地畜牧业是这一体系的主要生产活动，作物生产仅为生计型生产，占很少的比例。南美热带潮湿地区的草地畜牧业是典型的热带及亚热带潮湿地区草地畜牧业生产体系，其中包括哥伦比亚、委内瑞拉和巴西亚马孙河地区，墨西哥、阿根廷的部分地区也属于这种生产体系。

1）资源、畜种与生产。

主要家畜为肉奶兼用型瘤牛、肉牛或其他家畜。这一生产体系的特征是投入低，产出也低，生产方式粗放。亚洲某些地区，包括我国的沿海和南部省份的部分地区，从地理和气候上也属这一类地区，但是由于其生产活动主要以茶、橡胶和棕榈油等经济作物生产为主，因此不做重点介绍。在非洲，由于家畜疾病，特别是锥虫病的影响，草地畜牧业生产受到极大的限制。除南美洲以外，澳大利亚北部也是这一体系的重要地区。全世界热带及亚热带潮湿地区草原共养殖有 1.9 亿头牛，其中绝大多数是瘤牛，在巴西亚马孙河一带及澳大利亚昆士兰州等地也有水牛的养殖。另外，非洲农户也养殖一定数量的毛用绵羊和矮型山羊。而在亚热带地区，毛用绵羊是重要的家畜类型，其中较为典型的国家有阿根廷、乌拉圭、南非和澳大利亚。热带地区草原的饲草质量和草地生产能力主要取决于土壤条件而非降雨量，非洲同类草地的饲草质量要比拉丁美洲草地质量好；在拉丁美洲热带地区草地，由于饲草质量太差，当地牧民经常要焚烧草地以保证家畜采食质量较高的幼嫩饲草植物。相对干燥的旱季是家畜干物质采食量较多、增重较快的季节。由于降雨的影响，坡地是重要的雨季放牧地，而低洼草地则是旱季家畜获得较高日增重的草地类型。全世界热带及亚热带潮湿地区草原的牛肉生产总量为每年 600 万 t，牛奶生产总量是 1100 万 t。拉丁美洲和非洲的同类草地畜牧业体系，表现为粗放管理和低投入低产出的特征，由于较大的草地面积和相对丰富的饲料资源，该地区草地畜牧业的效益可观。中、南美洲的草地畜牧业效率较低，牛的日增重平均为 0.3kg/(头·天)，而产奶量平均为 6~7kg/(头·天)。相比之下，发达国家由于有高的投入和良好的管理技术，同类草地生产体系的生产能力和效率远远高于发展中国家。总体来讲，这类草地生产体系主要是以商品生产为主；为实现更高的产品附加值，肉牛一般要进行集中育肥，这也是该生产体系内重要的生产环节或供应链的一环。

2）面临的问题和发展趋势。

全世界有 6%的人口在热带及亚热带潮湿地区草原从事草地畜牧业或农业生产，草地畜牧业生产体系占主导地位，也是主要的生计来源。近几年，由于作物生产的发展，混合型生产体系也在某些地区出现。南美洲是世界热带雨林的主要分布地区，特别是在巴西、墨西哥，畜牧业的高速发展和草原面积的不断扩大，对热带雨林和森林的威胁不断增加。热带稀疏草原火灾是造成环境问题的一个主要原因，据研究表明，草原火灾所释放的 CO_2 要大于森林火灾。另外，由于草地畜牧业技术的使用，如围栏等措施，也造成了野生动物资源的丢失。但是，由于拉丁美洲地区相对小的人口压力和相对丰富的草地资源，这一地区自然保护区面积较大，热带雨林的保存和保护力度强，因此，畜牧业发展所带来的生态问题得到了相应的缓解。一般来讲，由于公众对环境问题的日趋关注，各国政府不断强化对热带雨林、森林等生态系统的管理，出台了许多法律法规，再加上土壤类型限制和其他因素，全世界热带及亚热带潮湿地区草地畜牧业生产体系并未发生显著变化。但是，由于人口增长压力的增大，现代作物育种技术的提高，使得某些地区的草原变成了作物生产的耕地，专门化的草地畜牧业生产体系变成了混合型生产体系。

（3）干旱和半干旱热带及亚热带地区家畜生产体系

这一生产体系可定义为热带和亚热带地区土地依赖型畜牧业生产体系，该地区的植物生长期少于 180 天，反刍家畜是这一生产体系内的主要畜种，放牧是土地利用的主要方式。生产体系内 90%以上的产值来源于畜牧业，少于 10%的产值来源于非畜牧业生产或农业生产。这种生产体系表现为两种截然不同的生产类型，一种是非洲撒哈拉地区、北非及近东地区传统的自给自足式生产体系。另一种是以澳大利亚、美国西部及南非等国家为代表的以私有草地或公共草地进行放牧的专门化草地生产体系。传统的自给自足式的生产以叙利亚等地区的山羊生产最为典型。而澳大利亚昆士兰州的肉牛生产、澳大利亚南部和西部的肉羊生产和细毛羊生产则是该体系内高效生产的代表，美国西部粗放式肉牛生产也是这个体系内的主要代表。

1）资源、畜种与生产。

在非洲，草地畜牧业完全是自给自足式的生产方式，由于该地区气候变化大，草地畜牧业的生产水平起伏也较大。这里畜种资源较多，主要有牛、绵羊、山羊和骆驼。适应性强是当地畜种的主要遗传特征，小型反刍动物，如绵羊和山羊的高繁殖率则是动物对周期性草原干旱导致动物群体数量下降最好的生物性补偿机制和长期进化的结果。在发达国家，在同样的生产体系内，畜种单一，主要以牛为主是其生产的主要特征，规模经营、粗放管理是其特点。草地是这一生产体系的主要饲料资源，气候多变、降雨不均衡是主要的生态特征。一般来讲，该地区的植物生长期为 75 天以上，体系内有少量的作物生产，另外还有少量的灌溉苜蓿等饲草的种植。

气候变化所造成的饲草料生产的波动，是这一生产体系面临的突出生态特征；因此，风险管理在这一生产体系中有着重要的作用。游牧是这一地区家畜管理的主要方式，它使家畜从不同地理分布区草地获取最多的饲草料或营养。为降低草地生产波动所带来的风险，种植一定量的人工草地，从农区获取饲草料是这一生产体系内家畜生产风险管理的主要方式。同时，在以放牧为主的情况下，应该加大人力投入，从而加强畜群管理，通过购入饲草料和载畜量控制性管理也可大大降低生产的风险，同时还可达到管理草地、保证草地健康的效果。而在集约化生产的情况下，要降低对草地的依赖，可通过资本投入，采用更多的家畜管理技术，如羔羊异地育肥、畜群结构调整、产羔时间调整等技术实现最大的产出，从而获得经济效益。

2）面临的问题和发展趋势。

由于发展中国家和发达国家的经济发展水平、市场开发程度不同，其家畜生产水平和方式也不同，面临的问题也不尽相同。在亚洲西部、非洲南部等欠发达地区，干旱和半干旱地区家畜生产主要是以满足该地区农牧民的生计为主，仍然以自给自足的生产方式为主。另外，由于市场开发程度低、生产水平低、产品品质差、市场价值低，经济效益也低。在发达国家，这种生产体系下的家畜生产主要面对市场，由于市场发达，生产的目的性强，管理精细，经营高效。

草地退化是干旱和半干旱地区家畜生产体系所面临的主要生态问题，造成草地退化的原因可以概括为：①人口增长压力增大；②草场所有权不明确；③草地开垦过度。由于草场退化严重，草地土壤侵蚀严重，草地牧草中优质牧草组成比例下降，饲草生产水平降低，从而造成草场次级生产——家畜生产水平显著降低。

从资源的利用和草地功能的发挥来看，传统放牧方式是有效利用草地资源的方式。但是，通过草地有限的自然资源来无限增加动物产品产出是不可能的，同时人为干预草地的效果也是有限的。从世界范围来看，政府和其他公共机构对草地的管理是不成功的；但是，政府通过政策来帮助牧区生产者进行灵活的生产，以适应这一地区因气候变化而导致的草地生产的巨大变化。因此，政府机构的作用主要应发挥在对草地自然属性特别是草地健康的监测上，从而为生产提出有效的参考和监督，以改善对资源的有效利用。

从全球生态的角度来看，草地的功能或属性已经从单一的生产拓展到集生产、生态、经济、文化等多重属性。目前，发展中国家仍然面临人口增长的压力，有更多的草地被开垦为耕地，这一趋势仍在蔓延。在发达国家，由于公众对草地的多重属性的认识不断增强，如草地是地球生态圈 CO_2 的主要吸收场所，草地提供了野生动物的主要栖息地，草地是生物多样性的重要场所，草地也为公众提供消遣娱乐场所等。由于公众认识的提高，发达国家的政府能够通过立法给予草地畜牧业很高的补贴，同时对草地进行投入，加大草地水利等基础设施的建设。因此，干旱和半干旱地区家畜生产体系的可持续发展，取决于各种因素，但更重要的是公众认识水平的提高。

2.2.4.2　混合型雨养家畜生产体系

混合型雨养家畜生产体系的主要分布区是在北美、欧洲大部及大洋洲东南部（含新西兰）、亚洲的东北部等地区；同时，非洲撒哈拉地区、北非、中南美洲也有分布。混合型雨养家畜生产体系是畜牧业发达国家和亚洲部分国家的主要生产体系，它们所生产的家畜肉产品占到该体系总产量的 70%。

（1）温带和热带高原地区

1）定义和分布。

这一生产体系可定义为温带和热带高原地区雨养和畜牧业混合型生产体系。农业生产的总收入中至少 10% 是来自于雨养农业生产。这一生产体系的主要分布区是世界上两种截然不同的地区：①北美、欧洲及亚洲东北部国家的混合型雨养家畜生产体系在当地生产体系中占据主导地位，这一地区主要是 30°N 左右的广大地区。②东非的热带高原地区及拉丁美洲国家，如厄瓜多尔、墨西哥等国家也有这种生产体系。从气候方面来讲，这两个地区的共同特点是全年或部分月份的气温较低；因此，其作物的种类和牧草的种类与热带地区有着显著的不同，特别是 C_3 和 C_4 植物。我国东北地区就是混合型雨养家畜生产体系的典型地区，以小农户为单位既从事作物种植也从事畜牧养殖的混合型生产方式是这一地区的农业生产特征。

2）资源、畜种与生产。

由于该地区的气候条件，一般在冬季都需要对家畜进行补饲，因此，需要更多资金和人力投入。由于饲养管理的特殊性，家畜育种在该生产体系下尤为重要。一般情况下，家畜的适应性都很强，生产水平都较高。在过去近 50 年的育种过程中，北美及欧洲国家在家畜育种上取得了显著的成绩，特别是牛的育种，由过去的多用途品种逐渐育成了专门化的高生产性能品种，使家畜生产的效率显著提高，同时也使这一地区的家畜生产更加专门化。在家畜育种取得显著成就的同时，家畜品种改良也被多渠道地引入不同的生产体系内。荷斯坦奶牛就是一个典型的例子，这种专门化的奶牛品种需要很高的饲草料条件和管理技术。因此，根据生态、饲草料条件及管理技术水平，小型、生产性能高且适应性强的家畜品种越来越受到欢迎，能显著提高该生产体系的整体效率。

在这一生产体系内，集约化程度有着很大的差异。在集约化程度高的生产方式下，生产效率的高低主要取决于饲料的利用效率和产品的市场价格。由于冬季家畜饲养主要依靠储存的饲草料，因此，单位家畜的产出水平决定了生产体系的效率。一般情况下，在混合型雨养家畜生产体系下，集约化的家畜生产常见于美国和欧洲及我国较发达的地区，这些地区作物生产的明显特征就是多种经济作物和农作物的轮作。在热带高原地区，这一生产体系内的家畜生产仅仅是草地的次级生产，而在这一体系内家畜的角色更注重其生态学功能。

在温带地区，土地是生产体系中营养成分的主要储存库。数百年来，人类所创造的生产体系保证了各种营养体的循环；随着人类社会的不断发展，生产体系也在发生变化；特别是随着城市化的不断加快，技术水平的改善及人们收入的增加，生产体系的专门化程度不断提高，生产体系自身开放度增大，来自生产体系以外的投入增加，由此带来的负面影响，特别是对环境的负面影响日益显现，这也推动了技术的发展和创新。在土地短缺的地区，特别是发达地区，外部饲料采购是家畜生产体系外投入的典型现象，这加剧了体系内营养体集聚，造成营养体循环停滞，从而造成环境污染等问题。例如，家畜粪便对空气和水的污染等。目前，动物废弃物处理技术是家畜生产中发展最快的技术之一，同时也是政府和公众关注度较大的领域。

如前所述，大多数发达国家均处在温带地区，其生产体系内的家畜生产完全是产业化生产、集约化管理、市场化经营，家畜产品的深加工或收获后加工变得更为重要。这其中也包括我国一些发达的省份和地区。在这一地区，从收入来源看，家畜生产相对于作物生产的重要性随着人们收入水平的增加而提高，这已是我国畜牧业发展的趋势。而在热带高原的欠发达地区，该生产体系仍然以自给自足为主要目的，生产体系内的家畜生产还是作物生产的补充，其功能主要表现在：①现金收入渠道，②肥料来源，③燃料，④动力，⑤家畜银行功能，⑥作物生产风险的缓冲体。

3）面临的问题和发展趋势。

在发达地区，混合型雨养家畜生产体系的集约化程度高，对人力资源的数量要求逐渐下降，而对人力资源的质量要求却在不断提高。以前直接从事畜牧业的大多数人力资源正在逐渐转向相关的行业，如畜产品加工、市场营销、家畜运输及其他畜牧业辅助行业。而在欠发达地区，粗放管理、自给自足仍是生产体系的特征，大量小型农户是生产体系的生产主体。在这种生产体系内，各个生产主体具有相似性，因此，有利于技术合作项目的实施。

在发达地区，混合型家畜生产体系在不断发展，其发展趋势是集约化程度不断加强，生产的专门化程度也在提高。草食家畜特别是肉牛、奶牛养殖业已成为该地区草食家畜生产的主体。从世界范围来看，草食家畜生产发达地区，其猪产业、家禽业有缩小和萎缩的趋势。相反，在土地相对稀少的地区，猪产业和家禽业的集约化、大型化趋势正在加剧。生产体系发展或进化的趋势无论在作物生产上还是家畜生产上都将更加专门化，甚至草食家畜生产也将向土地集约化方向发展。这在肉牛育肥和奶牛养殖方面已有凸显。

在欠发达地区和广大发展中国家，由于交通设施、市场发育、劳动力成本等方面的限制，家畜的专门化趋势将相对缓慢。

所有以土地为基础的生产体系中，混合型雨养家畜生产体系受技术发展的支持和影响最大，技术发展导致了该生产体系的生产集约化、土地集约化、投入集约化及品种的高度选育、高度专门化趋势。同时，这种趋势也造成了家畜多样性的减少，农药、化学药剂在饲料生产中的大量使用及家畜废弃物处理等问题。

混合型雨养家畜生产体系在草食家畜的饲养数量上无论是大型还是小型反刍家畜相对于其他生产体系来讲都是最大的，产品产出量也最大。这就增加了体系内草食家畜甲烷的排放量，成为温室气体不可忽视的贡献者。另外，草食家畜所占用的自然资源是草地，而草地大多数都是来自于森林，尽管从森林转化为草地的过程是漫长的，但是整个过程无疑是对全球 CO_2 的增加起到了推波助澜的作用。

皮革业和家畜屠宰加工是重要的加工产业，这类加工业常常对该体系造成负面影响；由于加工业的利润趋势，越来越多的污染加工活动都开始转向欠发达地区或国家。因此，来自于家畜加工业的污染对欠发达地区和国家环境的负面影响越来越严重，这种趋势在我国也非常典型，应该引起相关机构的重视。

从全球来看，温带及热带高原地区混合型雨养家畜生产体系所生产的牛肉、羊肉及牛奶分别占到全球总量的 39%、24% 和 63%。

混合型雨养家畜生产体系的生产效率在过去几十年内有了明显的提高和改善，其主要原因得益于全球经济快速发展和技术进步，实现体系内家畜生产的最大经济效益和生产效率，其主要就是通过机械化、专门化、增加投入、扩大规模等措施来实现的。另外，生产效率提高的同时，使得体系的开放度增加，外来投入包括饲料、化肥、能源等以相对较低的成本从外部进入体系内，使体系内营养体循环恶化和停滞。过多的营养体以家畜粪便或其他废弃物的形式积聚在体系内，造成水、土壤和空气的污染，产生环境问题。

很显然，混合型雨养家畜生产体系的发展受到了许多的限制，首先是环境问题，另外还有能源的有效利用和成本问题。为使该体系能够可持续地发展，首先要解决该体系营养物质循环和生产效率的平衡，要降低外部投入对体系的不良影响。因此，混合型雨养家畜生产体系应该不仅是农业产品的生产主体，也应该是生态功能的维护体，具体的表现应该是，这一体系应该不仅生产优质、廉价的家畜产品，而且应该维护生态环境的健康，空气的清洁，水源的安全，以及让生物多样性得到保护等。要实现这一目的，政府需要从政策上、技术上给予支持和引导。

由于世界贸易的不断发展，地方保护被不断打破，农产品包括畜产品在世界范围内进行贸易和竞争，产品的价格在不断下降，这就为发达地区和国家提供了改变生产体系、保持生产体系平衡的机遇。几年来，发达国家有机农场的大量出现就是这一趋势的典型表现。与此同时，由于国际市场的逐渐开放，以及市场竞争的加剧，中等发达地区和国家原有的规模化、集约化生产体系逐渐被混合型生产体系所取代。无论何种情形，其结果是环境友好型的家畜生产逐渐发展，生产体系的生态效益、社会效益和经济效益得到平衡和保证，从而实现家畜生产体系的可持续发展。在发达地区，随着经济发展，城镇化速度加快，农业人口减少，生产体系内生产者的数量也将显著减少，这就为政府通过政策进行家畜生产体系管理、实现可持续发展创造了较好的条件。因此，家畜生产的相对集约化、规模化是通向可持续发展的必由之路。

（2）热带、亚热带潮湿地区

1）定义和分布。

这一地区气候特点为热带或亚热带潮湿或次潮湿气候，家畜生产体系主要是混合型生产体系，由于这一地区主要是发展中国家或欠发达地区，生产体系呈现了多样性特点。这一地区较为典型的生产体系是东南亚一带的以水稻和水牛为主要生产内容的生产体系，另外，巴西等地大规模的大豆-玉米-草地家畜生产也是这一体系的一种形式。

2）资源、畜种与生产。

热带、亚热带潮湿地区的主要资源可以归纳为两类：①热带、亚热带草地，②农作物秸秆。其畜种主要是当地品种，包括牛和小型反刍动物。在拉丁美洲地区，由殖民者引进的瘤牛（*Bos indicus*）曾经是这一地区的主要家畜种类，后来又有肉牛（*Bos taunus*）、绵羊和山羊的引进，这些品种也就成为这一地区后来的主要家畜种类。

由于热带地区特殊的气候条件及该地区锥虫病的广泛流行，家畜生产受到很大限制。另外，家畜改良培育工作进展缓慢，适应性强且培育程度高的品种很少，家畜生产主要依靠少数古老品种。因此，生产水平低，管理水平不高，对家畜生产的重要性认识不够。传统的自给自足生产方式是该地区家畜生产的特征，技术支持和投入严重不足。东南亚地区由于土地的限制，作物秸秆和农副产品是家畜生产的主要饲料来源；而在非洲，土地的粗放利用是家畜生产体系的显著特点，其生产体系对土地的占有率是东南亚地区的 5 倍之多。

由于经营规模小，农户数量众多，自给自足式的家畜生产方式及家畜养殖的多重目的性使技术推广难度加大，生产管理方式的改变很难在短期实现。从经济角度来看，这一体系封闭性很强，对外部资源及市场所能带来的经济利益的认识不够，生产体系的效率很低。

在拉丁美洲的热带地区，近年来发展起来的粗放式的牧场经营模式，是这一生产体系内重要的商业性生产体系，由于该地区经济的发展，基础设施包括道路的发展很快，同时由于城镇对家畜产品、农产品需要的增加，土地粗放经营的大型牧场大量涌现，草地和作物混合型生产体系逐渐发展，由原来的一年生作物的连作变成了多年生牧草和作物的轮作生产模式，极大地改善和提高了土地的利用效率，提高了土地的生产水平，促进了家畜生产水平的提高。巴西肉牛业的迅猛发展就是这个生产体系发展的良好佐证。

3）面临的问题和发展趋势。

热带、亚热带潮湿地区混合型雨养家畜生产体系涉及的人口占全世界人口的14%，而这一比例在非洲撒哈拉地区更高，涉及总人口的41%，而在中北美洲涉及总人口的35%。生产体系在不同地区所扮演的角色不尽相同。在中北美洲热带和亚热带地区，家畜生产体系是面对市场，而在非洲地区却是以自给自足为目的。因此，在市场和经济利益的驱动下，中北美洲地区大量的热带雨林被盲目开垦，牧场数量和面积都在成倍增加，造成了严重的环境问题。

在非洲，由于这一生产体系所涉及的人口众多，所以其重要性不言而喻。如何改善和提高生产体系的生产效率是这一地区所面临的重要问题。首先是解决投入的问题。长期以来由于对其重要性认识不足，政府和私有企业的投资都非常有限，生产水平和生产效率都很低，但其发展潜力却很大，这也是非洲热带、亚热带潮湿地区改善和提高其家畜生产体系效率的巨大优势。对该地区生产体系的研究表明，改善管理方式，提供更多的技术支持是改善和提高其生产水平和生产效率的最有效方法。

在拉丁美洲地区，由于人口密度低，人口压力小，土地资源相对丰富，城市化程度高，生活水平相对较高，其生产体系主要以家畜生产为主。特别是在热带雨林地区，由于政策和经济的双重原因，资源消耗性的家畜生产扩展速度很快，因此更加需要政策的支持、技术的进步和可持续发展，来保障这一地区家畜生产的高效发展。

（3）干旱与半干旱热带、亚热带地区

1）定义和分布。

干旱和半干旱热带、亚热带地区混合型生产体系的定义是，植物年生长期为180天，对生产体系的主要制约因素是干旱或较低的降雨量。这一地区降雨量的多少决定了作物生产的重要性，降雨越低作物生产的重要性越低。在降雨量低的地区，家畜生产是重要的生产和生活资料来源。

这一生产体系主要的分布区域是在西亚、北非、印度的大部分地区，而中北美洲是少数地区。在北非和印度其生产体系是以旱作农业-羊为主要生产活动，而在巴西东北地区则主要是热带干旱草原的小型反刍家畜生产。

2）资源、畜种和生产。

这一地区的畜种主要是牛、绵羊、山羊。由于干旱严酷的环境条件，引进外部的家畜品种受到限制，因此家畜生物多样性的丢失不像其他地区那样严重。在这一生产体系内牛的饲养数量占到全球总数量的 11%，绵羊和山羊的饲养量占到 14%。小型反刍家畜在西亚和北非有着非常重要的作用，反刍家畜生产是这一地区重要的生活和生产资料。

从资源角度来看，不适宜作物生产的所有土地是该系统家畜生产的草地资源，同时，农作物秸秆也是这一体系内重要的饲草料资源。草地一般是公共所有，由于草地的管理缺失，超载过牧严重，草地的退化程度严重。

由于气候和环境限制，作物生产非常有限或仅供生计所需，家畜生产成为主要的生产活动，但经营粗放，投入非常有限，所以经营风险低。

生产规模小、农户众多是这一生产体系的特征。同时，家畜不仅是生活资料的来源也是体系内动力、肥料及燃料的来源，家畜还是小农户现金的储存库。

3）面临的问题及发展趋势。

这一生产体系仅涉及 10%的世界人口，其中 51%的人口在亚洲，而印度是主要的地区，还有 24%的人口在西亚和北非地区。

这一生产体系所面临的主要问题就是草地的退化。由于气候和环境因素的限制，草地的生产水平较低，同时该地区人口压力不断增加，使得草场退化的趋势更加严重。

在这一地区，生产体系的生产水平和单位家畜生产效率都较低，单位家畜甲烷排放量或生产每千克肉、奶的甲烷排放量较高。由于人口压力增加、耕地减少及作物生产较高的能量转化率，这一地区固有的放牧型生产体系逐渐转变成为混合型生产体系。但是，由于环境和气候的限制，生产体系对投入的反应或通过投入提高生产水平的程度有限，因此，作物生产仍然受到极大的限制，在这种情况下，由于人口的不断增长，土地被过度开发，导致草地退化日趋严重，环境恶化问题突出。要解决这一地区生产体系的可持续问题，首先要解决的是人口问题，减少人口增加对自然资源造成的压力是解决问题的根本。第二个问题是水，灌溉措施曾经被认为是最有效地提高生产体系效率的工程措施，政府部门在干旱地区用于水利设施的投资要比其他农业基础设施的投资大，水利设施对生产水平的提高起到了积极的作用，但其投资效益却不尽如人意，有些项目是失败的。原因是灌溉农业对技术要求较高，需要对农民进行培训，使其改变长期习惯的旱作农业方式；但是，往往这种技术推广和培训都不到位，影响了水利设施应有作用的发挥。另外，许多新开辟的灌溉地区，土壤结构、灌溉方式等原因造成了土地盐渍化，严重影响水利设施作用的发挥。综上所述，要解决干旱地区的可持续发展问题，应该采用综合性措施，包括促进城镇化、移民、修建基础设施、发展特色旅游、发展特色农业及矿产开发等。

2.2.4.3　混合型灌溉生产体系

混合型灌溉生产体系的分布地区主要在亚洲，占了将近 71%，发达国家占18%，其他地区占10% 左右。混合型灌溉生产体系生产了全世界23%的肉品，同时，家畜的役用功能是这一生产体系中家畜所提供的重要产品。

（1）温带和热带高原地区

1）定义和分布。

这一生产体系总体上属于温带和热带高原的土地依赖型生产体系，其主要的特征是生产体系当中灌溉设施发挥重要的作用。灌溉设施促进了体系内饲料和作物的生产水平，但是不同地区生产体系内的生产活动是不同的，主要的决定因素是市场及产品的经济效益。

在发达地区，这一生产体系的主要分布区包括葡萄牙、意大利、希腊、阿尔巴尼亚和保加利亚，在亚洲的主要分布地区包括朝鲜、韩国、日本及中国的部分地区。从地理上讲，这一地区主要是从亚热带向温带过渡的农业生态过渡带。由于冷季气温和植物生长期降雨的限制，作物生产受到一定限制。

2）资源、畜种及生产。

欧洲南部的混合型生产体系最具代表性，在这里作物生产主要以灌溉农业为主，同时，家畜生产也是这一生产体系重要的部分，其饲草料主要依靠干旱草地、作物茬地放牧及种植苜蓿补饲。由于灌溉设施的建设，混合型生产体系逐渐形成，灌溉条件不断完善，使作物生产得以全年进行，作物茬地放牧逐渐消失，作物生产由原来的一年一季变成一年多季。在亚洲，包括中国，混合型生产体系内的主要生产活动是生产水稻和养牛，特别是奶牛。传统的养羊业，特别是山羊养殖业逐渐消失，由于肥料、能源、农药等外部资源的进入，这一生产体系的外部投入不断增加，作物生产的集约化程度加大，家畜养殖的重要性逐渐减弱。

家畜生产的主要饲料资源在不同地区不尽相同，在欧洲地中海沿岸地区，饲料来源主要是草地及农作物副产品。而在土地相对紧缺的亚洲，饲草料资源主要来自于农作物秸秆、少量的人工草地及进口饲料。

家畜生产技术与混合型雨养家畜生产体系相同，较高的产品价格及较高的劳动力成本促使这一生产体系的集约化程度进一步提高。相对集约化的家畜生产要求更加精准的家畜饲养技术。因此，饲草料加工和储藏技术，特别是干草加工、青贮技术成为家畜生产的重要技术环节，农作物副产品也是这一生产体系的重要饲料来源。

在中国部分地区，该生产体系相对粗放，家畜生产和作物生产之间的衔接不是很协调，生产相对独立，家畜所提供的动力和肥料是对作物生产的重要投入。家畜的培育程度低，生产水平有限，生产体系中精饲料使用非常有限，作物秸秆等是主要的饲料资源。另外，由于家畜粪便不断地被转移到高产灌溉耕地中，体系内的营养体循环出现不平衡。

肉、奶、毛是该生产体系的主要产出物，生产体系的商业化程度高。在圈养条件下养殖废弃物的处理仍然是值得重视的问题。在发达地区，家畜动力完全被机械代替，这种趋势在中国等发展中国家逐渐成为现实。

3）问题和发展趋势。

该生产体系涉及将近 10% 的世界人口，其中大部分属于发达地区，而且畜牧业和与之相关联的贸易发达。该地区人口密度较大，生产体系所面临的主要挑战是水源问题，由于农业生产发达，水的需求量大，与城镇需水矛盾突出。另外一个问题是土地的管理，特别是草地的管理，目前，欧洲国家传统的草地被大量地种植经济林，使原始植被和环境发生了显著的变化，因此带来的环境问题需要认真研究和监测。

从历史角度看，由于这一地区人口稠密，生产的集约化程度较高，特别是在亚洲的中国，这个特点更为典型。从世界贸易发展的趋势来看，农业贸易发展更快，各国在农产品贸易方面的壁垒及对农业的补贴将逐渐降低，生产体系的开放度也将逐渐加大，这会促使生产体系的不断进化。该生产体系将受到混合型雨养家畜生产体系的冲击，因为混合型雨养家畜生产体系生产效率高于该生产体系。因此，该生产体系未来预计将会逐渐向粗放型生产体系发展，农药、化肥的使用也会显著减少；一方面是降低成本、提高市场竞争力的需要，另一方面也是环境保护的需要。目前，我国每公顷的氮肥使用量是澳大利亚的 10～15 倍之多，不仅降低了产品竞争力，也带来了严重的环境问题，对可持续发展构成威胁。

（2）潮湿和次潮湿热带及亚热带地区

1）定义和分布。

这个生产体系是在潮湿及次潮湿热带、亚热带地区的混合型生产体系，其植物生长期 180 天以上，同时，生产体系内灌溉农业具有重要地位。

这种生产体系在亚洲具有重要的地位，其分布也很广，包括东南亚、南亚国家及中国南方部分地区。该地区是世界人口最稠密的地区之一，农业生产的集约化程度高。该地区主要农业生产活动是水稻生产，与热带高原地区雨养作物生产相比，由于其得天独厚的气候条件，水稻的生产水平高，波动小，市场风险低。

传统的家畜生产主要以提供役力为主，目前，由于机械化水平的提高，家畜提供役力的作用逐渐减弱，市场化的畜牧业生产逐渐取代传统家畜生产方式。

2）资源、畜种和生产。

这一生产体系的主要畜种是水牛和牛，这与传统畜牧业和传统农业生产有直接的关系，提供畜力和肥料是传统畜牧业的主要特征。随着机械化程度的提高，家畜提供役力不再是主要目的，同时，由于经济的发展，人口收入水平显著提高，对家畜产品，特别是肉、奶的需求不断增加，促进了草食家畜畜牧业的发展。在这种趋势下，当地品种逐渐被选育程度高的专用品种取代，肉、奶生产水平显著提高，生产体系效率改善，产业化程度有了显著提高。但是，在家畜的持续选育过程中，由于只注重生产性能，一些当地品种的优良基因，如适应性、耐粗饲和疾病抵抗力等优良基因可能丢失，造成遗传多样性的流失。与此同时，传统的家禽养殖业如鸭、鹅等也逐渐变成了边际性的家庭养殖，增加了经营风险。

由于这一地区土地稀缺，家畜饲料的主要来源是秸秆、谷糠等作物副产品，杂草及路边山坡草地。高产水稻种植是这一生产体系的主要活动，也是家畜饲料的主要来源。在非灌溉地种植高产优质牧草为集约化家畜生产提供了可能，水稻地交替种植生长期短的牧草品种也被引进和应用。另外，猪产业和养禽业是这一地区的传统畜牧业，根茎作物的种植，如木薯、红薯等作物等为这些产业的发展提供了相对高品质的能量饲料。

耕地的高度集约化利用极大地提高了水稻生产的水平和效率，密集的种植周期需要更多的家畜役力进行犁耕土地，这一方面促进了家畜养殖，但同时又限制了作物茬地的利用。由于劳动力的限制，农作物秸秆的加工和处理受到影响，限制了家畜生产的进一步发展。家畜的主要饲料是耐刈割牧草，鸭、鹅则主要依赖水稻田的虫、草。

反刍家畜对这一生产体系的主要贡献就是提供役力。由于机械化的发展，草食家畜提供役力的功能已经被逐渐取代，随之变成了农户的主要收入来源，由于草食家畜生产的发展，农村剩余劳动力、作物秸秆及农副产品等所固有的价值有了市场价值体现。

养猪业和家禽业一直是该地区畜牧业的主要内容，生猪和家禽养殖不仅解决农户自身的生计需求问题，同时还为市场生产供应可观的肉产品，其总量占全世界猪、禽肉总量的18%，总产量超过了1300万t。同时，畜禽粪便是该生产体系内水稻生产的重要肥料来源，也是体系内营养体循环的主要载体。

3）面临的问题及发展趋势。

混合型灌溉生产体系在热带、亚热带的潮湿、次潮湿地区主要分布于人口稠密地区，所涉及的人口总量达到9.9亿之多，其中97%是在亚洲地区。

这一生产体系所面临的主要问题是人居环境卫生和生态环境等。由于该地区人口稠密，土地紧缺，养殖区家畜数量密集，人与畜的接触频繁，人居环境受到家畜养殖活动的不利影响，卫生和疾病传播成为不容忽视的问题。生态环境问题也是该生产体系所面临的另外一个挑战性问题，如水资源利用和保护、土壤侵蚀、甲烷排放、养殖废弃物处理等。目前，该体系内的水资源利用率较低，由于集约化的家畜生产活动，水源的污染情况严重。

由于人口压力大，这一生产体系一直是该地区家畜产品的重要提供者，所以体系本身封闭性强。随着经济发展，人们收入增加，生活水平提高，对家畜产品的需要也在增加，而且对质量的要求也在不断提高，如消费者更青睐脂肪含量少、产品品质一致性强及深加工的家畜产品。这些趋势都对生产体系本身产生了重要影响，改善生产体系，生产消费者需要、市场对路的优质产品，同时也促使该生产体系更加开放，更加专门化。

（3）干旱与半干旱热带、亚热带地区

1）定义和分布。

这个生产体系也是混合型生产体系，灌溉设施是生产体系主要的组成特征，同时灌溉设施也保证了生产活动的全年运转。这一生产体系主要分布在东亚、南亚、北非、美国西部和墨西哥等地区。在美国，加利福尼亚地区是这一生产体系的代表，家畜生产主要以奶牛生产为主，豆科作物或玉米生产为奶牛生产提供了充足的饲料。以色列、墨西哥的绝大部分地区都是属于这一生产体系。巴基斯坦的小农户奶用水牛生产，埃及、阿富汗等国家以提供役力为主的经济作物生产活动都属于这一生产体系范畴。

2）资源、畜种及生产。

这一生产体系内的主要畜种有牛、绵羊和山羊。但是不同地区生产体系的目的不一样。在亚洲，生产体系的家畜生产主要以提供农业生产所需的畜力为主，水牛是奶产品的重要生产者。因为小型反刍家畜可高效利用边际型饲草资源，包括草山草坡及耕地等，所以绵羊和山羊生产是该地区家畜生产体系内的主要边际型畜牧业。该地区家畜生产体系的产业化、市场化水平很低。而在美国、以色列和墨西哥家畜生产体系的主要目的则是商业化生产。奶牛生产在这一地区非常成功，奶牛对干热气候的适应性很强，世界最高产奶牛都在这一地区饲养。

豆科作物在热带干旱地区灌溉条件下生产水平很高，而且适应性强。同时，豆科作物对热带地区新开垦荒漠、半荒漠灌溉地有很好的改良作用。由于这些原因，豆科作物的生产成为这一地区的主要作物生产内容，促进了这一地区反刍家畜生产的迅速发展。有灌溉条件的耕地生产水平高，丰富的作物秸秆成为这一生产体系内主要的家畜饲料。蛋白质含量高、消化率高的高品质豆科牧草，为反刍家畜生产，特别是奶牛业提供了得天独厚的饲料条件，玉米等作物的生产还为高

产奶牛生产提供了高品质的精料，营养技术、机械及现代管理技术的密集应用使这一生产体系的奶牛生产具有非常高的经济效益。

在欠发达地区或灌溉条件有限的地区，作物生产仍然占主导地位，家畜生产只是这一生产体系内的次级生产活动。如何利用灌溉耕地进行饲草料生产，完全取决于家畜生产的水平和产业化程度，只有当家畜生产创造更高经济效益，奶粉进口受到限制或消费者更加注重奶产品品质时，这一生产体系内的活动才有可能更倾向家畜生产转变。在我国，奶牛业的发展更能说明这一问题，由于大量进口奶粉，我国的奶业生产波动很大，对奶牛业的可持续发展影响较大。近年来，消费者更加注重鲜奶的消费，这从一个侧面促进了奶牛业的发展。然而，不规范的管理又极大地伤害了奶牛产业的良性和可持续发展。

3）面临的问题和发展趋势。

这一生产体系涉及全世界将近 7.5 亿人口，其中 2/3 生活在亚洲，1/3 在西亚和北非地区。这一地区的大部分劳动力主要从事灌溉农业生产，只有少部分劳动力从事家畜生产活动。

集约化奶业生产是发达国家和地区这一生产体系的主要家畜生产活动，其产区集中在距主要城市较近的区域，奶牛生产的高度集约化使其粪便处理成为主要的环境问题。由于受到水资源的制约，家畜生产活动受到限制。但是由于土地退化，特别是土地盐渍化的发生，有些地区不得不通过种植豆科作物和豆科饲草来改良土壤，这又促进了家畜生产的发展。

这一生产体系的开放程度与其所进行的生产活动有关，生产的市场化程度越高，开放程度就越大，与其他类型生产体系间的互作就越多；否则，其封闭性就越强，生产体系间的互作就越少。

在干旱与半干旱热带、亚热带地区，混合型灌溉生产体系提供了数量可观的食品，特别是奶产品，与此同时也提供了巨大的就业机会。该生产体系的可持续发展面临的挑战主要是土地的盐渍化。由于受市场和贸易的影响，大多数地区的家畜生产在这一生产体系内作用有限，在某些区域还有下降的趋势。随着世界贸易一体化进程的不断深入，贸易壁垒减少，奶产品的贸易会上升。另外，家畜生产的机械化程度、管理水平等将得到改善，这些都会促使畜牧业发展，与此同时，草食家畜生产的发展促进该生产体系的健康和可持续发展。

2.2.4.4 土地集约型家畜生产体系

土地集约型家畜生产体系是发达地区和发达国家生产体系的主体，该家畜生产体系的主要特征就是土地的集约化和家畜生产的集约化。发达国家所产肉品占该体系的 55%，亚洲占该生产体系肉品产量的 19%，东欧及独联体占 15%，其他地区占 11%。近年来，由于欧洲一体化的深入，东欧国家所产肉品已有明显下降。

（1）单胃家畜生产体系

1）定义和分布。

这一生产体系的主要特征就是家畜生产的主体是猪和家禽，其饲料主要来源于生产体系外部或其他生产体系，生产体系内的营养体循环，特别是家畜粪便的循环也发生在生产体系以外的其他生产体系中。所以，从营养体的循环角度该生产体系是完全开放的生产体系。这一生产体系主要分布在欧洲、美洲等发达国家和地区。

2）畜种、资源和生产。

很显然，这一生产体系的畜种只有单胃家畜猪和家禽，商业化生产中主要依靠的是生产水平高的杂种商品代。由于完全采用集约化、现代化、工厂化的生产，家畜生产环境已完全或部分人工控制，所以，猪、家禽的遗传资源已是主要的贸易产品。由于这一生产体系的广泛扩大，家禽和猪的遗传多样性丢失情况非常严重，许多优良的基因已经完全消失。

在该生产体系内，产业分工明确，专业化程度很高。从父母代生产到幼畜培育，再到育肥、营销等都由专门化的企业或生产体实施。生产周期短，生产周转率快。因此，生产受市场波动的影响大，产品的价格波动频繁，管理和经营技术要求高。

该生产体系对粮食的需求很大，是世界谷物最主要的需求行业之一，其所需饲料主要包括：谷物和油料及其副产品。由于谷物可在全世界各个地区进行生产和贸易，因此单胃家畜生产体系基本不受气候和季节的影响。单胃家畜生产不仅生产集约化，饲料的利用也高度集约化，饲料贸易和饲料运输成为这一生产体系的主要特征。由于饲料生产和家畜生产独立，单胃家畜生产体系的建立不受饲料资源影响。近 20 年来，由于世界经济的高速发展，各个地区消费者的生活水平不断提高，对优质新鲜肉品的需要量增大；所以，单胃家畜生产体系也层出不穷，不断扩展，成为全世界发展最快、最广泛的家畜生产体系。

单胃家畜生产体系与其他家畜生产体系相比，其技术和资本的密集程度更高，对土地条件的要求低，所以生产体系的转换更容易实现。如果以单位饲料的能量消耗为衡量指标，该生产体系的饲料转化率、劳动生产率都要显著高于其他家畜生产体系。目前，每千克猪肉所消耗的精饲料在 2.5～4kg，每千克鸡肉所消耗的饲料在 2.0～2.5kg，鸡蛋生产的饲料转化率更高。该生产体系的自动化程度也相对较高，在发达国家尤为突出。

生产体系的高投入、高度集约化，使传统品种完全被高度培育的品种取代。在管理技术和生产技术保证的前提下，生产规模越大，其生产效率越高。大规模的生产是这一生产体系的重要特征，因此家畜健康及废弃物处理是这个体系的主要风险。来自这一生产体系的家畜产品全部或绝大部分进入市场，市场对家畜产品的质量和品质都有较为统一的要求；因此，从生产环节到加工环节都有较严格的标准。我国发达地区的养猪业和家禽业生产体系很多都是外向型的，企业根据不同市场的要求进行标准化生产。与此同时，国内市场对家禽和猪产品品质、安全性等方面的要求逐年提高，各种产品标准不断制定出台，单胃家畜生产体系得到不断完善，生产水平显著提高。

3）面临的问题和发展趋势。

该生产体系的产品主要供应各类市场，并不是为特定人口或市场所生产。产品消费者主要来自生产体系所处地区的城市人口，同时由于贸易程度的不同，产品也可能到达其他地区。

由于该生产体系具有大规模经营、大规模投入的特点，劳动力生产率较高，对劳动力的吸纳能力有限，但尽管生产体系内部的直接就业人数少，从事相关产业的就业人口却相对较多。同时，由于该生产体系不间断的生产特性，劳动力的就业持久性增强，这也是该生产体系的特征。

单胃家畜生产体系所面临的问题有：①环境污染问题。由于高度集约化、规模化，以及生产体系的高度开放性，生产体系内营养体集聚，循环不良，出现滞涨。其主要表现是家畜粪便的处理困难，环境污染，特别是水源污染是最严重的环境问题。②家畜生产体系的发展对谷物的需求量不断增加，造成谷物供应紧张。由于人口增长压力，对谷物的直接消费量在不断增长，单胃家畜生产体系的迅速发展对谷物的需求量明显增加，造成谷物供应紧张。③谷物生产的增加将占用或开发更多的土地，包括树林、草地，对生态系统造成负面的或直接的不良影响。由于单胃家畜生产体系的发展，对谷物的需求量不断增加，势必会增加对土地的需求，从而增加对草地等土地的开放利用，从而造成环境隐患。

但是，由于单胃家畜生产体系的迅速发展，全世界猪肉、禽蛋供应量将不断增加；同时，由于生产技术的改进，谷物饲料的利用效率不断提高，将会减少反刍家畜生产体系的生产压力，从而降低了草地生态系统的生产压力，这将有利于草地生态系统的保护。综上所述，单胃家畜生产体系和反刍家畜生产体系之间有明显的互作，彼此依赖和影响。

由于单胃家畜生产体系的高生产效率和集约化生产水平，世界肉、蛋等蛋白质产品的供应还将主要依靠单胃家畜生产体系。随着经济的发展，发展中国家和欠发达地区的这一生产体系也迅速发展。另外，单胃家畜生产体系的开放性，促使世界谷物产品的贸易增大，单胃家畜产品的贸易量也将迅速增加。

没有一个规范的贸易体制，就不会有健康的生产体系。由于石油等资源性产品价格的巨大波动，国际市场谷物等饲料产品价格也大幅波动，家畜生产面临巨大的挑战。世界范围的金融危机，造成经济的衰退或萧条，这也对家畜生产造成很大的影响。因此,随着世界一体化进程的不断深入,有必要建立家畜产品贸易的规范性和约束性机制,从而保证单胃家畜生产体系的健康发展。

我国的单胃家畜生产体系将是今后动物产品的提供主体,随着城市化进程的不断加快,对家畜产品的需求量也不断增加,这将促使单胃家畜生产体系的快速发展。但必须清醒认识该生产体系,注重该生产体系内的营养体循环,避免对水源、空气、居住区等环境的污染,促进生产体系健康可持续发展。单胃家畜生产体系一般应建立在具有足够耕地的作物生产区,使家畜生产体系内的营养体(家畜粪便)得到有效和及时的利用,同时,生产体系不能距离城市太近,避免对环境的负面影响。另外,我国的家畜生产体系也要更加强调文明生产和环境友好生产。生产的环节要力求生态友好、动物权益保护,生产的产品要安全、品质优良且一致性高。这是全世界单胃家畜生产体系的发展趋势,也是我国家畜生产体系应该追求的方向。

(2)反刍家畜生产体系

1)定义和分布。

该生产体系是以反刍家畜生产为主的生产体系,一般主要以肉牛生产为主、绵羊和山羊生产为辅的边际型畜牧业生产。由于生产体系内营养体循环的特点,生产体系具有开放性。生产体系所需的饲料来源于其他类型的生产体系或其他地区,因此,家畜生产和饲料生产相互独立。这个特征和单胃家畜生产体系具有相似性,但不同的是反刍家畜营养与单胃家畜营养不同,反刍家畜需要大量的饲草,对谷物饲料的依赖程度较低,且对谷类饲料的利用效率明显低于单胃家畜,反刍家畜产品的市场价格要高于单胃家畜猪和禽。

反刍家畜生产体系当中,肉牛的生产主要分布在欧洲和北美,而养羊生产主要是在西亚和北非地区。近几年来,我国也在大力发展舍饲养羊和舍饲养牛,农区的养牛、养羊小区也具有土地集约型反刍家畜生产体系的特征。

美国、加拿大和东欧等国家的大规模肉牛育肥场是这一生产体系的主要形式,在同一地区,奶牛生产虽然也属于这一类生产体系,但其集约化程度更高;由于奶牛对高品质牧草的需要,以及饲草料成本降低的原因,奶牛生产过程中,需要大量的耕地进行饲草生产,奶牛生产对土地的利用和依赖程度大。所以集约化奶牛生产与典型的土地集约型反刍家畜生产体系还有一定的区别。另外,欠发达地区的小农户反刍家畜生产不是典型的反刍家畜生产体系,而属于混合型小农户生产体系。

2)资源、畜种和生产。

该生产体系内的家畜品种主要以选育水平高、生产专一、生产水平高的专用品种为主。肉牛生产中二元和多元品种的杂交是生产的重要形式。而在奶牛生产中，荷斯坦牛是占主导地位的品种。

现代肉牛和奶牛品种的起源和选育都来自欧洲，从品种的选育历史来看，家畜品种的选育与其生产体系所具有的土地和草地资源条件直接相关，家畜生产性能的选育也与资源有关。早期在品种选育过程中，由于受草地资源的限制，兼用型牛品种是欧洲国家育成的主要品种类型。而在英国，由于其气候、草地和环境的原因，中小型肉牛品种是其品种类型的主体。而美国在大量引进欧洲品种的同时，又不断对品种进行改良和选育，使家畜品种的生产性能不断提高，尤其是大型欧洲兼用型牛品种的引进，在其杂交体系中发挥了重要的作用。另外，由于资源的相对充裕，以犊牛育肥为特点的大型育肥企业开始发展，形成了典型的土地集约型反刍家畜生产体系。

该生产体系不但需要谷类饲料，同时也需要高品质的牧草来保证反刍家畜瘤胃的健康和其功能的正常发挥；主要饲草包括各种青贮饲料和各种青干草。由于这一生产体系不仅对谷物饲料要求高，而且对饲草料的要求也高，所以生产体系的复杂性提高。规模化肉牛育肥生产由于追求生产的高效率、产品的高品质，所以更多地依赖谷物饲料，使反刍家畜利用饲草等人类不能直接利用的资源的特性削弱，对谷物饲料的依赖程度加大。这是美国等国家大规模肉牛育肥生产的显著特点。

在该生产体系下，集约化肉牛育肥所生产的牛肉占全世界牛肉产量的 12%，肉牛生产主要集中在美国和欧洲、南美等发达国家。

集约型肉牛生产体系的投资大，经营规模大，同时，饲草料的集约化利用程度高，劳动生产率高。对生产体系的生产效率衡量的指标主要是日增重和饲料转化率。目前育肥肉牛的日增重可达到 1～1.5kg，每千克日增重需要的饲料量为 8～10kg（精饲料）。肉牛生产的效益不仅取决于日增重的大小，同时还取决于育肥牛的体况和育肥程度。世界牛肉市场对牛肉的脂肪含量，特别是牛肉的大理石纹形成有较高的要求，因此，肉牛的育肥不仅追求日增重的大小，而且更注重脂肪的沉积和大理石纹的形成。肉牛育肥根据不同市场对牛肉品质的要求而进行，为实现较高的效益，牛的品种和肉牛育肥的营养需要在不同生产目的下有较大的区别。

这一生产体系的产品以供应城市市场为主，对生产高品质牛肉的企业来讲，基本没有深加工环节。但是，对于奶牛和奶产品来讲，需要很多的深加工环节，这一特点与猪肉、禽肉相似。

3）面临的问题和发展趋势。

该生产体系对劳动力的吸纳能力较其他的生产体系小，但是与之相关联的行业，如饲料、运输、加工、市场等行业的发展增加了对劳动力的吸纳能力。该生产体系的竞争能力取决于特定地区市场的发达程度，社会基础设施的完善程度，特别是道路状况等。欠发达地区，由于基础设施和市场发展水平低，所以该生产体系的竞争力会受到限制。

该生产体系与土地依赖型生产体系关联度很大,后者为前者提供架子牛,这一特点与单胃家畜生产体系不同,单胃家畜生产所需的子畜是在体系内部生产的。同时,这一生产体系所面临的问题也是生产体系内的营养体循环问题,由于高度集约化,营养体在生产体系内大量积聚,造成水源和空气等环境污染。从生产体系所提供的家畜产品总量来讲,土地集约型生产体系所生产的产品总量有限。而且,在发达地区和国家,由于牛肉产品和奶产品的价格较高,所以才使得这一生产体系具有较高的经济效益。对于欠发达地区或国家来讲,由于受到市场、资源等因素的限制,这一种生产体系并不适合这些地区的家畜生产。但是,随着经济的发展,欠发达地区和国家对高品质家畜产品消费需要也日益增加,因此,该生产体系在欠发达地区或国家的特定地区也会有一定的发展前景。

随着经济的发展,收入水平提高,中国、日本、韩国等国家对高品质牛肉和奶产品的需求与日俱增,为满足市场需要,其中一方面是通过从美国、加拿大、澳大利亚及南美洲进口,同时也在加快发展饲粮依赖型的反刍家畜生产,这也是这一生产体系发展的趋势。但该生产体系的存在和发展主要还是集中在美国、加拿大、澳大利亚及欧洲部分发达国家和发达地区。

近年来,由于世界谷物价格上升,以及大量玉米被用作生物能源生产,大规模肉牛育肥和奶牛生产受到冲击,生产成本加大,效益降低。为适应这一趋势,传统的肉牛生产大国都在降低育肥的规模、降低集约化程度,更多地利用成本较低的饲草进行生产。因此,草地资源、土地资源的依赖程度在增加,生产体系在调整,奶牛生产也出现了同样的发展趋势。

2.3　畜牧业生产体系的进化和发展

2.3.1　各类家畜生产体系的重要性

世界家畜生产来自不同的生产体系,每一个生产体系所生产的家畜产品、生产体系涉及的人口、生产体系的分布地域都不同。生产体系分布地域越广,其所涉及的人口也就越多,生产量也会越大。因此,其相对重要性就会越大。

到目前为止,家畜生产体系的第一属性仍然是经济和生产。在发达国家和发达地区,某些生产体系的属性已经开始发生变化,生产体系的经济和生产属性开始减弱,生态属性和文化属性开始上升。由于生产体系的经济和生产属性仍然是第一性的,为全面了解和掌握各种家畜生产体系的生产和经济属性,掌握生产体系可能发生的变化或进化,有必要对其生产特性进行分别论述。

从生产体系对土地和草地的依赖程度而言,草地型反刍家畜生产体系生产的家畜产品占世界肉产品总量的 9.3%，所以说草地型家畜生产体系的生产和经济属性降低，其生态属性和文化属性在上升。

土地集约型反刍家畜生产体系所生产的肉类产品总量是世界总产量的 36.8%，土地集约型混合家畜生产体系所产肉品占世界产量的 5.3%。土地集约型单胃家畜生产体系所生产的肉品占全世界肉品产量的 52.3%，禽蛋产量占世界禽蛋产量的 67%。显然，这一生产体系从其经济和生产属性来看是最重要的一种生产体系，这一生产体系在产品提供总量上占有重要的地位。

温带和热带高原地区雨养家畜生产体系所生产的奶产品占世界所有家畜奶产品的 55.5%，牛奶产量占世界牛奶总产量的 62.6%。可见这一地区在全世界奶产品的生产方面占有很重要的地位，同时也说明了奶牛生产所依赖的气候、环境、经济条件。

从发展速度来看，土地集约型单胃家畜生产体系的发展最快，其增长速度每年为 4.3%，而混合型生产体系的增长速度为 2.2%，草地依赖型生产体系的增长只有 0.7%。

在我国，由于土地资源和草地资源的相对短缺，土地集约型生产体系在家畜产品的提供上占有重要的地位，而且也是发展最快的生产体系。然而，随着经济的发展，特别是随着人们生活水平的提高，市场对高品质反刍家畜产品，如牛肉、奶和奶制品的需求量将明显提高，要满足这方面的需求，除了通过世界贸易加以解决外，更主要的途径还是要自身解决；所以，发展草地依赖型反刍家畜生产，提高生产水平是从根本上满足市场需要的途径。我国的草地依赖型反刍家畜生产体系的生产水平低，管理粗放，发展潜力大；因此，近期内我国草地依赖型家畜生产体系将有一个较快的发展，这种发展的主要驱动力是市场。同时，生产体系的经济属性功能充分发挥的同时，也必须要注重草地生态属性、文化属性作用的发挥；同时，产品质量必须达到或接近世界先进国家的水平，生产效率和生产水平等都要有相应的提高，只有这样才能在市场竞争中取得应有的市场份额，实现可持续发展。

2.3.2　家畜生产体系的进化

Bawden 论述了家畜生产体系在进化过程中所经历的阶段，他将家畜生产体系的进化分成四个阶段。

第一阶段是家畜生产体系的初级阶段，这一阶段是在 17 世纪以前，当时人们对世界的认识相当有限，科学技术落后。所以该阶段的家畜生产是完全摸索性的，技术对生产的影响相当有限，自给自足式生产是重要的生产形式，家畜管理完全依靠经验和宗教理念。从 17 世纪左右开始，当伽利略、哥白尼、开普勒、牛顿等科学家为人类打开了了解天文的窗户，当人们用数学方程就可以预测天体运动的规律时，人类就开始科学地认识世界和自然现象，这时人们从对自然的被动依存和崇拜开始逐渐走向理性和科学探索。以法国哲学家笛卡儿为代表的思想家提出了"世界机械论"的思想，他们认为世界就像机器是可以控制的。由于这种思潮的影响，再加上达尔文、巴斯特、孟德尔等生物学家 19 世纪左右在生物学方面所取得的巨大成就，由此自然科学得到迅猛的发展，农业科学也随之起步，农业生产和家畜生产体系逐步进化到第二阶段——"产能阶段"。产能阶段顾名思义就是注重生产体系产出量和产出水平的阶段。这个阶段最突出的代表时期就是 20世纪 50 年代，由于西方社会农业机械化的逐步实现，化肥的使用，作物育种、家畜育种技术的提高，生产体系的生产水平、产出量有了大幅度的提高。与此同时，专门的农业教育和科研机构也逐渐壮大，促进了生产体系的进一步完善，产能逐渐达到极限，西方社会从事农业的人口也显著下降。此时，在西方社会出现了生产过剩问题，这一问题在农业生产、家畜生产方面也随之凸显。农业生产开始从追求最大产能逐渐过渡到追求最佳效益的阶段，这就是生产体系进化的第三个阶段——"生产效率阶段"。发达国家农业和家畜生产体系率先进入这一生产阶段。生产效率阶段的家畜生产体系不但注重生产水平和产能，更加注重投入和产出的效率，以满足市场对家畜产品低价格的追求。为达到生产效率的不断提高，生产价廉物美的产品，农业经济学和农业生产管理学技术广泛应用，机械化水平进一步提高，化肥、农药在生产的各个环节使用，选育的专门化品种不断取代老品种。

到目前为止，由于经济发展的水平不同，世界许多国家的家畜生产体系仍然处在产能阶段或生产效率阶段。但是，随着近 20 年来世界经济的快速发展、世界贸易的逐渐扩大、世界一体化进程的不断深入，世界家畜生产体系的进化受到多种因素的催化，进化速度明显加快。家畜生产体系所包含的生产属性、经济属性、生态属性及文化属性趋向一致。

随着家畜生产体系生产效率的不断提高，生产体系对环境的负面影响逐渐显露，公众对家畜生产体系所带来的环境问题、动物权益问题等的关注程度也在增加，质疑也在增多。在这种背景下，从 20 世纪 70 年代开始，发达国家家畜生产体系就逐渐向第四个阶段进化，这个阶段就是"可持续阶段"，可持续家畜生产体系是最高阶段，家畜生产体系可持续阶段的最大特征，就是家畜生产体系不仅注重生产效率，而且更加注重生产体系对环境、对资源的影响和利用，注重家畜生产体系对动物权益的保护，强调生产体系的文明生产和消费者的文明消费。可持续家畜生产体系是一种动态的状态，可持续的定义和含义将随着人们对自然的认识水平变化而发生改变，可持续生产体系不但将包含更多的生态因素，还将包含更多的文化因素。

很显然，家畜生产体系的进化与技术推动、市场驱动和人对自然的认识水平紧密相关。从家畜生产的第一阶段到第三阶段，即从初级阶段到生产效率阶段，人们对自然的认识水平仍然是片面的，与之相对应的技术也只服务于以追求生产为目的的家畜生产体系。当环境问题日趋严峻、资源不断减少、消费者价值观改变、文化进步的情况下，家畜生产体系的进化步伐将受到这些因素的催化而加快。

2.3.3　家畜生产体系进化原因

家畜生产体系与其他生产体系一样都在进化、改变和发展。生产体系的进化也包含了变化。进化意味着生产体系的改善、改良和进步，变化则强调生产体系形式的转变。进化是自然选择的结果，这里所说的自然就是市场、资源、社会、生产手段和政策等因素。通常，我们也用"发展"来描述生产体系改变的现实，发展更多地强调外力对生产体系的作用，削弱生产体系自然选择进化的特性。所以我们用进化来描述生产体系的改变和发展。

与作物生产体系相比较，家畜生产体系远远没有作物生产体系复杂。从家畜生产体系的进化历史可以看出，所有的家畜生产体系都是从草地依赖型或放牧型生产体系进化而来，传统的草地依赖型或放牧型家畜生产体系，其实也是专门化的生产体系，只是它的生产形式是自给自足式的粗放畜牧业，所以生态、技术、社会、政策等因素对它的影响较小。传统放牧型或草地依赖型家畜生产体系首先进化成各种混合型生产体系；根据不同生产规模和生产集约化程度，混合型体系内作物和家畜生产的互相作用、互相依赖程度不同。随着城市化的发展、人们生活水平的提高、技术水平的提高，生产体系向更集约化的程度进化，最终形成了土地集约型家畜生产体系。集约型家畜生产体系的进化完全是市场的作用，但是，如果更仔细分析，不难看出，市场固然是最主要的驱动力，但人口压力、资源减少、技术发展又是主要的促成因素。

在家畜生产体系的进化过程中，有两个因素起到关键作用，一是家畜数量，二是资源。家畜生产体系进化过程中，家畜数量增加、饲料资源供给保障这两个条件维持了进化的进程。随着进化进程的不断深入，家畜管理技术和家畜营养技术、品种改良技术都在相应改善和提高，这又促进了家畜生产体系的集约化程度的提高和生产效率的改善。猪、家禽等单胃家畜生产体系的高生产效率主要来源于资源的高度集约化利用及投资、劳动力的高效率利用，这在现代奶牛业中也有体现。

在放牧型反刍家畜生产体系中，粗放型向集约型的进化过程缓慢。另外，粗放混合型家畜生产体系内由于各个亚生产体系之间的综合性差，这都导致草地生态环境的退化。造成退化的主要原因是过牧、超载及落后的草地管理技术。如何解决草畜平衡，加快生产体系的进化过程，提高集约化程度，加强混合型生产体系内各个生产亚体系之间的综合性是解决问题的关键，而这一系列问题的解决需要相当长的时间。如前面所述，生产体系的进化受市场、环境、技术、文化、社会和政策的综合影响。要加快生产体系的进化过程，就需要提供适合进化的条件，加快改善影响进化的主要条件，从而促进生产体系进化过程的加速进行。

家畜生产在不同地区和不同国家所处的环境差异非常大，但是，生产体系的进化却是相同的。无论是发达国家和地区还是发展中国家和欠发达地区，无论是家畜生产体系所处的环境差异大小，家畜生产体系进化方向却是一致的，那就是更加集约化，更加依赖生产体系以外的投入，对草地和天然资源的依赖程度降低。与此同时，饲养技术、品种改良技术、畜牧业生产技术不断改进，显著提高了饲料的利用效率和转化效率，提高了单位家畜的生产率。在集约化程度不断提高、生产体系不断进化的同时，对环境的压力也在逐渐加大，造成的负面影响越来越多，在现有技术水平状况下环境退化的情况还在日趋严重。

家畜生产体系的进化就是生产体系集约化的过程，集约化不是单纯的规模化，而是高效率前提下的规模化。不同家畜生产体系对市场需求的反应速度不同，反刍家畜生产体系的反应速度一般低于单胃家畜生产体系。主要原因是由家畜的生物学特性决定的。家禽生产体系对市场的反应速度最快，其中一个原因是家禽自身的生物学特性，另一个原因是家禽生产体系具有较高的集约化程度、较大的规模，同时，家禽的繁殖周期短，繁殖效率高。从谷物生产和贸易角度看，由于家禽的饲料转化率最高，谷物的利用效率也最高，因此，如果社会消费对谷物的需求下降，谷物价格也会随之下降，此时，家禽生产往往是谷物利用的首选，这有效地平衡了世界谷物的供求关系。由于家禽生产的高度集约化，家禽生产对土地要求低，集约化程度高，同时，由于高的生产效率，家禽生产可以通过贸易在全世界范围内获得谷物饲料。反刍家畜生产在这些方面显然不能与家禽生产相比。家禽生产对市场的反应速度可能在几周内发挥作用。所以，世界各国，特别是发展中国家为满足市场对家畜产品的需求，在发展家畜生产时，通常最先发展的就是家禽生产。在这个背景下，世界范围内的单胃家畜生产体系的进化最快，主要原因就是市场驱动力和政策推动作用。

另外，还有一些家畜生产体系的进化受市场需求的驱动较大，如猪生产体系，现代奶牛生产体系。这些生产体系的扩张过程，集约化程度的提高受市场的影响非常大，因此，再从传统生产向现代化生产转化时，不是进化而是突变。也就是说单胃家畜生产体系和现代奶牛生产体系建立和发展并不是逐渐进化而是突变型的产生。

反刍家畜生产体系主要生产红肉，即牛肉和绵羊肉，另外还生产少量的山羊肉及奶产品。对于以生产红肉为主的反刍家畜生产体系来讲，其进化过程是从传统生产逐渐向集约化生产转变。这是因为反刍家畜的繁殖周期长，繁殖率低，饲料转化率低，生产的专门化程度低，反刍家畜的改良与选育周期也非常缓慢。因此，这个生产体系的进化是以逐渐适应的方式缓慢进行的。

在许多发展中国家和欠发达地区，混合型家畜生产体系是主要的家畜生产方式。通常来讲，这一生产体系内的家畜不仅提供畜产品，而且还为体系内作物生产活动提供其他服务，如动力、肥料等。这一生产体系生产效率的提高、生产规模的增大都是逐渐实现和逐渐进化的，对市场需求的反应缓慢。因此，在许多发展中国家和地区，反刍家畜集约型生产体系往往是建立而不是进化。在我国，集约化肉牛育肥、肉羊育肥等生产都是在市场经济迅速发展的条件下建立起来的。因此，在其发展的过程中有许多的问题，这些问题有些是技术方面的，有些是市场、社会、政策和文化方面的。

在亚洲，由于经济的多年快速增长，人们生活水平显著提高，对家畜产品的需求也在不断上升。肉牛和小牛肉的生产每年以 7.8% 的速度增长，绵羊肉和山羊肉生产增速达到 6.3%，牛奶和奶产品生产增速达到 7.0%，猪肉生产增速达到 7.0%，家禽生产增速达到 9.6%，增长速度最快。而在家畜生产快速发展的同时，家畜数量的增长并不是主要贡献因素，其间牛的存栏数增加了 1.2%，绵羊和山羊的存栏数增加了 1.8%，奶牛存栏数增加了 2.3%。因此，技术水平的提高是家畜生产水平提高的主要因素，技术的贡献率甚至可以与 20 世纪 60~70 年代的作物绿色革命相比。所以，从 80 年代后期开始，我们把世界范围内的畜牧业快速发展称为"畜牧业革命"。我国的高品质牛肉和小牛肉生产在近几年有了非常大的发展，其牛肉产量已达到全世界产量的 9.5%，表明以肉牛为代表的反刍家畜水平在相应地提高。目前我国的单位肉牛的产肉量已经从 20 世纪 80 年代的 77.5kg 提高到了现在的 130kg。

反刍家畜生产和其他家畜生产一样也得到了快速发展，但从反刍家畜生产体系来看，混合型反刍家畜生产体系的增长速度最快，集约型反刍家畜生产体系的增长速度很小。在"畜牧业革命"的带动下，单胃家畜生产体系在全世界发展非常快，尤其是在发展中国家，单胃家畜生产发展速度更快。无论在发达国家还是在发展中国家，单胃家畜生产体系的高速度发展，主要归功于近 20 年来世界经济的高速发展，同时，城镇化进程及人们收入水平的提高促进了城镇居民的消费能力，促进了单胃家畜生产体系的发展。在发达国家，消费者对廉价畜产品的需求增长很快，这种消费行为也是促使单胃家畜生产体系在这一地区快速发展的原因之一。

2.3.4　家畜生产体系的发展

目前，家畜生产体系的发展主要表现在提高生产效率，提高集约化程度，因此，生产体系所面临的突出问题是环境问题。如何在提高生产率、提高集约化程度的同时，减少或避免生产体系给环境带来的负面影响是面临的主要挑战。农区畜牧业似乎提供了解决这一问题的有益借鉴。农区家畜生产体系通常为混合型生产体系，生产体系内的生产活动复杂，资源的形式多样；在较低的管理和经营水平下，资源的综合性和利用效率都较低，影响了混合型生产体系的整体生产效率和生产水平。如果提高混合型家畜生产体系的资源综合利用效率，改善和提高生产效率和生产水平，同时改善生产体系内部营养体的循环，通过改善生产体系与环境的互作，减少和避免家畜生产体系对环境的负面影响。

混合型生产体系的经济属性突出，其产品产出总量无论是作物还是家畜都具有举足轻重的地位。但是，在科技研发和政策制定时，一般都将混合型生产体系内的不同生产分别对待，甚至完全分割。同时，生产者在进行生产活动时也忽略了体系内资源的综合利用、生产的统筹协调、经营管理的通盘考虑等因素，从而造成混合型家畜生产体系生产效率低，生产水平不高。

不同生产体系在不同地区的重要性也有差别，生产体系内家畜种类也有较大变化。在中南美洲，由于人口压力小，草地面积大，相对城市化水平高，所以放牧草食家畜生产体系较为重要；在这一生产体系下，肉牛生产是主要的家畜生产活动。而在非洲，其草地处于干旱和半干旱地区，在这一地区的生产体系中小型反刍家畜生产是主要的生产活动。在亚洲，混合型家畜生产体系占据压倒性的地位，这一生产体系提供了超过90%的家畜产品。亚洲东南亚地区拥有超过世界90%的水牛数量，水牛养殖在亚洲的相应地区就非常重要。另外在东亚地区，猪生产是这一地区肉类生产的主要生产体。

温带、热带高原地区的混合型雨养家畜生产体系无疑是全球最大的生产体系，具体表现在：①涉及 41% 的全球耕地面积；②牛饲养量占全球牛存栏量的21%；③绵羊和山羊饲养量占全球羊存栏量的18%；④奶牛饲养量占全球奶牛存栏量的37%。如果从产出量衡量它的重要性甚至会更高。

生产体系及生产体系内家畜生产的资源拥有量也不同，这一特点在国家和国家之间、地区与地区之间表现得尤为突出。发达国家人均资源量明显大于欠发达国家和地区。与此同时，发达国家家畜生产体系的生产效率和生产水平、管理水平也显著高于发展中国家。

从家畜生产体系的进化上看，无论生产体系原先的水平高低，家畜生产体系的集约化程度都在以不同的速度提高。但是，生产体系集约化在不同的国家和地区的发展状况不同。在发展中国家，虽然家畜生产体系集约化程度提高正在造成许多环境问题，但是，由于经济发展，人们生活水平提高，对家畜产品的需求增加迅速，提高生产体系集约化程度的主要目的就是要提高生产效率和生产水平，增加家畜产品的产量以满足社会的需要。而在发达国家，这一过程已经有所不同。集约型生产体系的生产属性已开始部分地被生态、文化等属性取代。由于集约化程度的提高，环境问题越来越凸显，公众对环境恶化的关注度越来越高，所以在发达国家，家畜生产体系又开始了去集约化的进程，以实现生产和生态的平衡。

无论是发达国家还是发展中国家，单纯扩大规模增加家畜产品产量已显现出许多的问题，其中对环境的污染是最突出的问题。因此，提高生产体系的技术、资金、经营管理的集约化程度才是家畜生产体系发展的主要方向。

家畜生产体系既是社会经济活动的重要组成部分，也同时改变着生态环境的稳定性。实践证明，单纯注重家畜生产体系的经济属性不仅不可能实现可持续发展，还会给环境、社会造成负面影响。但是，如果只注意到家畜生产所造成的环境问题，而忽略了家畜生产的经济属性和其他属性，生产体系的可持续性也不可能实现。随着公众环境意识的不断提高，家畜生产、消费者的理念及家畜生产体系的内涵也在发生改变。发达国家单纯追求生产效率的时期已经过去，转而开始注重环境保护和生产体系的可持续性。消费者已开始从数量消费转向质量消费，从单纯的产品消费转向产品所包含的生态价值、动物权益等多重文化价值的消费。世界贸易一体化进程在过去的 20 年内有了很大的发展，这种发展也给世界各地的家畜生产带来了一个相互交流、相互影响的极好机遇，超市货架上的肉、奶、蛋等产品已不仅是食物，同时也包含着文化。不可否认，在消费的同时也在进行着文化的交流。所以，每一种家畜生产体系都受到全球贸易一体化的深刻影响，最终将促使每一个家畜生产体系不断完善，形成生产效率提高、环境友好、动物权益保护的文明生产，从而提高产品的市场竞争能力，实现生产体系的可持续发展。

第3章 可持续草地畜牧业生产体系

3.1 可持续草地畜牧业的概念

3.1.1 可持续草地畜牧业概念的发展

农业，包括畜牧业可持续发展的定义有成千上万，不同的定义都有自己的侧重点，都反映作者所处的社会文化背景及作者自己的文化价值。但是无论什么定义，其中一点是共同的，那就是强调生产体系必须能够维持持久性，能够维护和保持生态系统的健康，能够承认、重视和平衡生产所依赖生态系统的各种服务功能，包括生态功能、生产功能、生物学功能、环境功能、文化功能等。可持续发展的概念从提出到现在已有几个世纪的历史。可持续性概念首先从农业生产中提出，概念本身是强调如何维持生产产量的持久性。最早的有关生产可持续的概念是由德国人提出的，主要是强调森林生产和矿产产量的可持续性和持久性。从那时起，经过200多年的发展，可持续性概念和内涵已发生了天翻地覆的改变。首先是其内涵发生了变化，从森林和矿产发展到了所有初级产业领域，包括矿业、森林业、渔业、农业和畜牧业及所有利用自然资源的产业。

从20世纪开始，特别是联合国1972年《斯德哥尔摩人类环境宣言》发表以后，关于可持续性的概念超越了初级产业所涉及的资源范畴，超越了人类所需消耗品生产，如渔、木、饲草等的范畴，超越了以人类为中心的可持续性概念的范畴，而生物保护和生态保护的概念成为可持续发展概念的重要内容。在可持续发展概念的发展过程中，有两个国际事件是可持续概念发展的重要历史性标志。一个是1972年在斯德哥尔摩召开的联合国人类环境大会，这个会议最后发表了《斯德哥尔摩人类环境宣言》；另一个事件是1980年世界自然保护联盟所发表的"世界自然保护的战略"。这两个事件极大地促进了可持续发展概念的发展，促进了国际社会对可持续发展概念的认同及可持续发展概念在经济发展战略中不可缺少的位置。以这两个事件作为起点，可持续发展概念开始强调生态系统的协调健康，强调生态系统所有生物的保护，同时，认为生态系统具有生产以外的多种功能，包括生态功能、环境功能、文化功能等。现代可持续发展概念把当代获取利益的短期发展目标扩展为后代获取相同利益的长期发展目标，它强调利益的时间分配不是"当代"而是"后代"，生产不会造成后代获取利益的权利被"当代"人所剥夺。1992年在巴西里约热内卢召开的联合国环境大会是可持续发展概念被国际化的重要标志,"里约热内卢宣言"当中的可持续发展概念不仅强调当代和后代应享有同等发展机会,而且强调当代和后代是跨国际范畴,这就使可持续发展具有了国际性内涵,表明世界各国都应对环境保护和可持续发展承担相同的责任。

到了 20 世纪后期,可持续发展的概念不断扩展,它从科学、社会、生态、生产、价值观等方面宏观考虑可持续发展,使可持续发展变成一个具有鲜明宏观哲学思想的概念,可持续发展也成了最流行用语。同时,农业的可持续发展概念也开始有了新的发展,农业和畜牧业的可持续发展概念中有了一些新的内容,如生产效益、动物权益、文明生产等。随着社会文明和经济的不断发展,可持续发展将会有更多的内涵。但是,当可持续发展的概念内涵被无限扩充时,概念本身就开始变成能够包罗万象的"筐",装满所有人的意愿,包含所有问题。这样就会使可持续发展概念的实际操作性越来越差,实际意义丧失,最终使概念出现空洞化。据统计,到 1997 年共有 800 多种不同的有关可持续发展的定义。到了 21 世纪,可持续发展概念的使用上有了两种分化,一种是宏观政策和区域性发展规划当中的可持续发展概念,它更强调可持续发展的宏观概念,表明的是发展的理念而不是发展的具体措施。另一种是具体行动计划中的可持续发展概念,它强调的是可持续发展的具体行为与措施、目标和结果。后一种可持续发展概念已经成为"资源与环境经济学"的重要内容,并已得到了成功运用,是经济学发展的最新领域。本节将主要讨论可持续发展概念在草地畜牧业生产上的具体运用,草地畜牧业可持续发展的理论与实践及其意义。

可持续发展概念从提出到现在,已经有了近 50 年的历史,在这个过程中,产生了许多的概念和定义。但无论什么定义类型,实现生产的持久性仍然是可持续发展的核心内容。由于侧重点不同,可持续发展概念的定义也有所不同,由于全世界范围内环境状况正在日益恶化,人口增长对资源的压力也越来越大,资源紧缺甚至匮乏已成为各国经济发展的重要瓶颈,同时,公众对环境的关注程度越来越大,所以可持续发展概念的发展正在向注重环境、保护生态,用一定的经济效益换取更多的生态效益方向发展。环境问题是全世界共同面临的挑战,要求世界各国承担相应的责任,环境问题的国际化使世界各国政府不得不做出对本国发展战略的调整,使其服从世界环境保护的总体目标,区域性发展战略必须承担相应的国际责任。所以,可持续发展就成了各国必须选择的道路,也体现了其所承担的国际义务。从我国的实际出发,中国不但应当承担相应的国际义务,同时也要着力解决自身的发展问题。人口压力大、资源紧缺、环境恶化已成为严峻的现实,所以可持续发展也是我国经济发展的必然选择。

在第 1 章中已经讨论了草地畜牧业及草地生态环境恶化的问题,草地畜牧业对草地生态环境有着直接的影响,而草地生态环境的恶化已造成许多经济问题和社会问题。中国草地畜牧业的可持续发展已不是单纯的生产问题和经济问题,实际上环境问题成了社会问题。所以，畜牧业的可持续发展也是实现社会稳定、经济可持续发展的必然选择。

3.1.2　可持续草地畜牧业的概念介绍

在许多文献中，可持续农业是一个更大范畴的概念，它也包含可持续草地畜牧业的概念，它们在概念上是一致的，只是侧重点有所不同而已。在过去的 20 年中，可持续草地畜牧业的概念有许多版本，每个概念的侧重点不同，所表达的文化背景、价值观也不同，但就基本含义来讲还是一致的。下面主要介绍几种具有代表性的定义。

1）可持续草地畜牧业是能够满足当代需要，同时不会对将来或后代取得相同利益造成影响的畜牧业生产。显然这个定义的主要侧重点是生产及生产的持久性；对于畜牧业生产来讲，保持生产的长久性或持久性，其主要的措施是保证资源利用的持久性，因此，该定义的核心是资源的可持续利用。

2）可持续草地畜牧业是一个由良好的生产技术与科学，合理的法律、法规保障体系组成的，有合理的经济效益保障，同时兼顾公众利益的综合的可持续生产体系。该定义侧重点在于实现可持续发展所需要的技术保障、法律法规保障及公众支持和认同。它是从生产和维护生产过程谈可持续发展，强调实现可持续发展的外部保障因素，特别强调实现可持续发展的环境友好型技术和科学的保障，实现可持续发展的法律法规保障及公众参与和公众认可保障。因此，该定义更具有社会性，对政策出台和生产组织的指导意义更大。

3）可持续草地畜牧业是综合公众利益、社会价值观及经济效益，追求生态长期持久性的畜牧业生产。这个定义本身是一个妥协的产物，它强调的是社会利益、公众利益、生态利益及经济利益的平衡和协调，强调在各种利益平衡基础上的可持续发展。不难看出，各种利益在社会的不同发展阶段、不同的文化背景下会发生变化，如何平衡各种利益是一个社会学或哲学问题，该定义对可持续发展的界定更宽泛，定义的界限模糊，所强调的或侧重点不明确。

4）广义的可持续草地畜牧业就是生态友好型畜牧业生产，狭义的可持续草地畜牧业就是持久性畜牧业。生产的持久性就是指在保证持久生产的同时不需要或很少需要外部的投入。草地畜牧业的持久性就是对本地原始草地的持久放牧。这个概念中给出了广义和狭义两种定义，但两种定义都具有相同的侧重点，它们都强调生产的持久性，强调生产过程对生态环境的影响。广义的概念中强调生产对生态的影响，要求环境友好的生产方式，更强调生产和技术对生态的影响。狭义可持续概念还强调了草地原始资源的保护和持久利用，其中包括了更多的生态功能维护内涵。

5）可持续草地畜牧业是在满足当代人需要的同时，不损害后代获取相同利益的权利。这个定义是可持续草地畜牧业经典定义，它简明扼要地说明了可持续发展的核心内容。强调生产持久，强调当前生产对今后即将发生的生产活动、生产内容不能产生损害。因此，这个定义还是强调了生态的健康，包含了可持续发展的重点内容。

6）可持续草地畜牧业是能够满足当代需要，保证后代相同需求，并能维持生产活动的生态及物理持久性，能够从单位面积土壤持久性地获取相同数量畜产品的可持续生产体系。这个定义的侧重点是生产的持久性、资源利用的持久性，同时又强调了生态环境的健康。这个定义还是以生产为侧重点，以满足人类需要为侧重点，因此对生产的现实指导意义比较强。

7）可持续草地畜牧业应该以维护环境健康、满足公众对环境的基本要求、维持和提高农牧（民）生活质量、实施环境友好型生产技术为前提，以市场为导向的经济收益型、可持久性畜牧业生产。该定义强调生产持久性和经济效益、农牧民生计及环境的保护，同时还强调社会因素，如生产必须能够维持和提高农牧（民）生活质量；维护环境健康，满足公众对环境的基本要求。从我国的实际出发，可持续草地畜牧业应该注重生产的经济效益，而非单纯生态型的生产，这是我国近期可持续草地畜牧业的核心，是生产体系生产属性的体现。维护环境健康具有两个方面的内容，一个是生态，另一个是社会。生态内容强调了可持续发展生态内涵，因为只有生态健康才能保证生产的持久和可持续。社会内容则是强调公众对环境的基本要求和公众对居住环境的基本需求。在我国目前的现实情况下，不可能将环境指标提高到一个非常高的水平而可望不可即，但是仍然要有一个基本尺度，以这个尺度为起点逐渐改善环境质量，不断满足公众对环境质量的要求，畜牧业生产不能造成环境质量的进一步恶化。另外，定义还强调要以市场为导向，进行可持续的畜牧业生产。市场为导向不仅是经济问题，市场的导向当中也包含社会问题，如产品的形式、产品的数量和质量、产品的安全性等。当然，定义不是一成不变的，它会随着社会进步、经济发展而发生改变。

下面就可持续草地畜牧业的众多定义进行了分析研究，归纳出以下4种类型。

1）个人价值观点论：这种观点认为自然是由若干独立事件组成的体系，可持续概念主要依赖个人对这些事件的认识和对各个体系认识的侧重点，同时体现个人的价值观和文化背景。因此，可持续概念主要是根据个人的判断和意向所定义的。

2）技术观点论：认为自然是由若干独立事件组成的体系，可持续概念主要依据科学对自然的认识，强调原因和后果的关系；因此，可持续概念体现的是对自然的科学认识，依赖的是科学技术；所以，概念本身受到科学技术发展的限制。

3）生态观点论：认为自然是不可分割的整体，自然整体的任何一个方面都会造成自然的变化，通常这种概念强调的是政策措施和对自然整体的保护。

4）文化观点论：认为文化价值和自然是一个整体，可持续概念既包括自然还应包括文化及价值观，这种观点也强调政策措施，同时强调可持续发展不仅要保护环境同时还要包含文化和价值观。

根据以上可持续发展的不同定义可以归纳出 3 种定义：一是生态保护主义定义，它将可持续发展的目标锁定在生态效益上。二是人文主义定义，它将可持续发展赋予了更多的文化理念和价值观，强调社会效益。三是生产论定义，它强调的是生产的可持久性和生产的经济效益。

可持续草地畜牧业既是一个理念，也是一种管理实践，从可持续草地畜牧业的实践当中不仅要获得环境效益，还要获得社会效益和经济效益。本书所讨论的可持续草地畜牧业的核心与任何其他可持续草地畜牧业在定义的核心上并没有本质差异，但是实现可持续草地畜牧业的过程、形式和采取的路线可能不同。尤其是在我国，可持续草地畜牧业是必然选择，与此同时，实现这一目标的过程、形式和路线必须按照我国实际出发，不能死搬硬套。可持续发展的概念是动态的、发展的，可持续草地畜牧业的发展过程是持久性的，可持续发展是方向和过程而不是终点；由此，可持续草地畜牧业应该重视生产过程。根据我国实际，实现可持续草地畜牧业的原则，一要保证生产体系具有高的生产效率和可观的经济效益，二要保护生态的健康和资源的可持续利用，三要满足公众基本的环境要求，四要有可持续地促进可持续草地畜牧业发展的战略和方针，这是我国发展草地畜牧业的重要保证措施。

3.1.3　实现畜牧业可持续发展的基本途径和原则

可持续草地畜牧业生产体系是资源利用、家畜生产与生态功能维护的综合体系。根据可持续发展的概念及可持续草地畜牧业的定义，要实现畜牧业的可持续发展，必须从两个方面入手：第一是资源的自我满足，第二是生产体系各项功能的综合协调。

第一，可持续草地畜牧业要实现资源的自我满足，是指生产的资源基础要可持久或可长期利用，且利用效率要高。资源的自我满足观点强调了两个方面的问题：①资源的保护和高效利用；②资源的再生。地球上的资源有可再生型和不可再生型。对于不可再生的资源，唯一的出路是节约和高效率利用，另外就是寻求替代资源。从不可再生资源的利用角度讲，资源的自我满足就是一个相对的概念。对于再生资源，生产体系应该是保护再生资源的健康，最大限度地维护再生资源的可持续程度。从这个意义上讲，资源自我满足又是长期的。草地畜牧业生产体系的资源自我满足有 3 个选择：①资源保护和资源的高效利用，②可再生资源健康的维护，③替代资源的寻找与研发。草地畜牧业主要依赖饲草资源和草地资源；草地资源随着季节和气候的变化而发生波动，因此资源的自我满足应该是相对的。

研究证明，外源饲草料的投入对特定的草地畜牧业生产体系有利，它可提高生产体系的资源利用率，同时，又有利于对生产体系内部资源的保护。资源的形式上也有多种，如能源、谷物等。现代畜牧业生产体系对石油的依赖较大，但随着技术的发展，社会对可持续性发展理念的接受程度的提高，畜牧业所依赖的能源形式也要发生变化，更多的可再生能源要替代不可再生能源，而且替代的速度应该与再生能源消耗的速度相等；从资源自我满足的角度来讲，只有当两者速度相等时，畜牧业生产才能体现资源利用上的可持续性。资源的高效利用包括：①生产过程中的资源高效利用，②家畜对资源的高效利用，③资源管理技术。其中家畜对资源的高效利用包括了品种的改良、饲养技术的改进等。资源的管理技术则是对生产体系的管理，包括家畜和草地等。

第二，可持续草地畜牧业生产体系要实现其各项功能的综合协调。可持续草地畜牧业生产体系是一个复杂的系统，它受众多要素的制约和限制，而这些要素又具有自我繁育或再生的特征。要素的再生取决于上一次生产过程要素的状态。这些再生性要素包括：土壤、饲草植物、家畜群体、野生动物，还包括人。强调生产体系功能的综合协调就是强调这些要素的再生及再生的能力。在粗放草地畜牧业状态下，草地的载畜量、草地植物（包括饲草植物和非饲草植物）、野生动物之间存在着一种复杂的关系，这个关系在一定条件下可以达到平衡。但是，由于某些要素的自我繁育状态发生改变，所形成的平衡会被打破。因此，生产体系各种功能的综合协调也是相对的，是在不断实现平衡和失去平衡中发展的。资本产生与高效家畜生产是生产体系的一种社会功能；很显然，不同社会不同地区对生产体系经济功能的定义不同，如发达国家由于生产过剩，其生产体系的定义与发展中国家就会有差异。在粗放的自给自足式畜牧业生产体系下，资本的再生速度和资源再生、家畜再生速度一致，效益的再生与人口的再生速度一致。在集约型、商品化畜牧业生产体系下，资本的再生就是效益，高效畜牧业生产是科技、教育和技术应用的综合体现。如果可持续草地畜牧业概念侧重点是生态效应，那么它强调的是人类活动对生态环境可能造成的威胁。如果是更宽泛的可持续发展概念，可持续概念又包含社会、文化及价值观等。因此，可持续草地畜牧业的概念在不同的社会和不同的文化背景下会有不同的内涵，其功能的协调也会发生一定的变化。

虽然有关草地畜牧业可持续发展的定义有数百种之多，每一个定义都有侧重点，但无论何种定义，其内涵应该包括以上两个方面，如果定义包含满足了这两个方面要求，那么畜牧业可持续概念的定义就是正确和完善的。

3.2　可持续草地畜牧业生产体系的内容

3.2.1　可持续草地畜牧业所包含的内容

1）资源可持续利用：最大限度地提高利用不可再生资源的效率，尽量采用生产系统内部的可再生资源，最大限度地降低对外源性资源的依赖。不可再生资源的有效利用是决定生产持久性的重要因素，也是生产体系可持续性的前提，因此，资源的利用效率和利用程度是可持续发展的保证。

2）经济可持续发展：实现生产体系的经济效益是可持续发展的保证，同时，生产体系还能够维持经济效益的持久性。

3）生产效率可持续：家畜生产体系维持和促进体系内所有资源的高效率，而不是损害和降低资源效率。

4）环境友好可持续：家畜生产体系应该最大限度地减少家畜生产给环境带来的负面影响。环境包括生产体系内部环境和生产体系外部环境两个方面。

5）文化可持续即公众认可程度改善：可持续草地畜牧业生产应促进经济发展，提高农牧（民）的生活水平，保护生产者的传统文化和价值观。同时，生产过程文明，产品形式满足公众要求，生产过程和产品体现一定的价值观和文化背景。畜牧业的生产属性、生态属性、文化属性协调统一。

6）政策的可持续：政策支持可持续发展，政策引导可持续发展，政策促进可持续发展，政策本身要有可持续性。

以上 6 个方面是可持续草地畜牧业的基本内容。然而，如果把可持续草地畜牧业放在区域性经济的发展上来看，政策对可持续性发展的影响就更突出。因此，根据我国的实际应该提出政策的可持续性，因为畜牧业是涉及食品和生活品等生产的基础产业，它对自然资源的依赖程度大，对环境的影响大，同时，畜牧业又是农村和牧区人民的重要生产活动，是他们重要的经济收入来源，关系到整个社会的可持续发展。所以，农业和畜牧业常常是政府关注的重点经济领域，有一系列的政策指导产业发展，保持政策的可持续性，对实现产业的可持续性至关重要，这一点在我国畜牧业生产当中更有现实意义。

3.2.2　可持续草地畜牧业生产体系的特点

可持续草地畜牧业生产体系既表现生产属性，又体现生态属性和文化属性，可持续生产体系首先强调的是生态和生产的持久性，这是可持续草地畜牧业生产体系的基本特征。可持续草地畜牧业生产体系具备的特点如下所述。

（1）生产体系的生产效率和经济效益得到提高

生产体系的经济效益是生产体系可持续的前提，也是生产体系的重要生产特征，对可持续草地畜牧业生产体系的生产效率和经济效率的评价一般用比较长的一个时期来衡量，而不是常规的当年指标。因此，可持续草地畜牧业生产效率和经济效益的提高是长期指标，而不是近期指标。影响草地畜牧业生产效率和经济效益的因素很多，主要有以下几个。

1）植物有效生长期：这一指标是确定草地生产能力的重要指标，是草地真实生物量的衡量指标。草地的有效生长受有效降雨量、草地多年生牧草比例、土壤肥力等影响。因此，可持续草地生产体系应该改善土壤肥力，促进多年生牧草的生长，提高草地多年生牧草的比例。

2）草地牧草的现时积蓄量：草地牧草的积蓄量是指草地的现时饲草料供给能力，是草地生产能力和畜牧业生产效率的重要决定因素，也是决定放牧方式和载畜量的重要依据。

3）草地载畜量：草地载畜量是决定草地畜牧业生产水平的指标。草地载畜量的高低受草地现时生物总量的影响，受放牧方式、豆科牧草含量、土壤肥力、土壤 pH 等因素的影响。

4）家畜的生产水平：可持续草地畜牧业生产体系的生产效率和经济效率需要在一个较长的时间段来衡量。生态效益指标需要时间会更长，如草地的组成、饲草种类、土壤肥力和有机物含量及景观生态学指标等。

（2）改善和保护水资源

水资源的利用和保护在我国大多数草原地区极为重要，也是生态环境保护的重要内容。以青藏高原草地为例，青藏高原的重要生态功能之一就是河流给养，除了众所周知的三江源，其雨水径流滋养着包括恒河、印度河、萨特累季河和雅鲁藏布江等主要的亚洲大河流（Harris, 2006）。在大江大河发源地的青藏高原地区，水资源的保护和利用显得更为重要，虽然青藏高原的面积不到全球陆地面积的5%，但是其发源的河流向全世界海洋输送并贡献了约 1/4 的水源（Harris, 2006）。保护这一地区草地生态环境，不仅具有区域性生态效益，同时还具有全球环境效益。例如，青藏高原对亚洲季风系统有重要调节功能，而亚洲季风是全球气候水热循环的重要组成部分（Xu et al., 2008）。植被丧失，减弱了地表辐射吸收量，进而改变了夏季季风循环，使得青藏高原东南部降水减少（Li and Xue, 2010）。而这些生态系统的变化通常不利于青藏高原生态系统和全球环境的稳定（Wen et al., 2013）。对于有重要生态意义的地区，草地畜牧业生产的侧重点应该更倾向生态，如青藏高原的草地畜牧业应该更多地考虑生态效益，要改善草地生态健康水平，防止草地退化，要降低草地的载畜量，改进放牧方式，提高草地植被覆盖度，提高多年生牧草的比例，增加土壤有机质含量。研究表明，多年生牧草有利于水的利用，多年生植物的根系发达，储水力强。另外，草地的覆盖程度提高可显著减少地表径流量，减少水土流失和土壤营养物的流失。

（3）保护草地资源

草地畜牧业生产体系承载了生产、生态、家畜、文化等功能。从资源的角度，草地畜牧业生产体系是由土壤、植物、家畜和经济这 4 个方面组成的综合体系。其中家畜是生产体系的主体，家畜是草地畜牧业经济效益的实现者。从可持续发展的角度来看，家畜是这一体系中最受关注的一个方面，所以它作为资源之一是受到保护的。当然，自然灾害、疾病暴发等不可预计的事件也可能对家畜资源的可持续性造成威胁，季节和气候的变化也可能对家畜生产产生不利影响，除此之外，即使家畜资源受到损失，其恢复也比较容易，速度也比较快。然而，草地资源的退化、土壤的退化则需要较长时间恢复，如果退化和破坏程度严重，甚至会带来不可逆的生态后果。一般来讲草地资源的恢复要比土壤资源恢复得快。土壤是生产体系中不可再生的资源，土壤的破坏一般都是不可逆。了解了资源的重要性和特性，就不难得出保护资源的办法和措施。青藏高原的草地退化，水土流失、沙化等非常严重，如果不能有效遏制土壤的退化，那么草地生态系统的恢复就无从谈起。最终导致严重的区域性和全球性环境问题，威胁到地球第三极的环境安全，也威胁到长江和黄河两条母亲河的安全。另外，我国六大牧区都在西部，草地生态类型脆弱，可持续草地畜牧业生产体系的建立是保护西部环境、促进草地畜牧业高效持久发展的必然选择。

人是草地畜牧业生产体系的主宰，也是草地的管理者和草地畜牧业生产的实施者。从更广的范畴来讲，草地管理和草地畜牧业发展的方针政策也都是由人制定的。所以，人也是草地生产体系的重要资源，而且是决定性的资源。人力资源的建设是促进草地畜牧业生产体系可持续发展的决定性内容。草地生产体系远远复杂于任何商业活动，草地生产体系的真正主宰者是农牧民，因此农牧民的能力建设是人力资源建设的关键。

（4）促进生物多样性保护

在过去 30 多年，我国 90%的草原由于过牧超载而呈现不同程度的退化，退化的重要标志就是草地生物多样性丢失。草地生物多样性的丢失有两个层面的内容：一是优良牧草的丢失，过牧超载使多年生 C_3 优良牧草植物减少或消失，毒杂草取而代之；二是原始植物种群丢失，由于草地退化及草地的大量开发，许多原始植物种丢失。放牧方式影响草地生物多样性的保护，研究发现，当草地生物量的积聚量大于 2000kg/hm^2 时，草地生物多样性就能够得到有效保护。草地生物多样性与草地生产能力之间的关系，以及生物多样性如何影响生态系统健康等问题目前还不是很清楚；从理论生态学的角度讲，一般认为生物多样性越多，生态系统稳定性越好，且对外来物种入侵的抗性高，发病率低。但是，也有学者持不同的观点，有人认为没有足够的数据依据来支撑"多样性-稳定性"观点，且没有多样性和稳定性之间关联的依据。在这里，我们不想过多参与理论讨论，但是不健康的草地管理方式引起生物多样性的丧失是毫无疑问的。但是，生物多样性是评价生态系统功能的一个指标，生物多样性指标可以衡量生态系统的健康水平，也可以反映草地生产系统的可持续性。

（5）减少草地生产体系对外部环境的影响

由于我国大部分草地都处于退化状态，草地生产系统对环境的影响程度越来越大，由于西部草地生产系统的脆弱性，超载过牧引起的草地退化更加严重，草地的沙化和风蚀对周围环境的影响已成为公众和政府关注的环境问题，西部地区的退化草地已成为威胁我国各大城市的沙尘暴的主要沙尘来源。沙尘暴不仅造成巨大的经济损失还会造成社会问题，生态移民已成为西部地区的一个严重的社会问题。环境质量下降及恶化还影响到西部地区的外来投资、人才引进等。所以，我国草地畜牧业发展面临着前所未有的挑战，生态恶化是一个方面，社会和公众关注是另一个方面。公众强烈要求政府采取措施，改善环境质量，减少沙尘暴对人们生活的影响和对环境的威胁。可持续草地畜牧业生产体系是我们解决西部环境恶化问题的重要出路，也是公众的强烈要求。

（6）满足农牧民利益，增强农牧民参与的积极性

农牧民是可持续草地畜牧业的具体执行者，他们是可持续草地畜牧业生产体系的主宰，可持续草地畜牧业生产体系的建立会改变传统的生产方式和生活方式。同时，农牧民的收入和短期的经济效益可能会有所下降，如何使农牧民能够积极参与到可持续草地畜牧业生产中，第一要使他们了解可持续畜牧业生产将给他们带来的利益，给全社会带来的利益，给子孙后代带来的利益。第二要切实开展卓有成效的培训工作，使他们掌握可持续发展的技术和方法。与此同时，各级技术人员和政府工作人员的培训和能力建设也是非常重要的一项工作，他们也是可持续草地畜牧业的主要鼓动者甚至参与者，只有开展由上到下、由下到上的培训，转变观念，掌握技术，才能切实执行可持续草地畜牧业所要求的技术和管理方式，实现可持续的畜牧业生产。第三要促进畜产品加工企业的参与，鼓励农牧民和企业沟通，鼓励企业通过有效的沟通给生产者传达市场信息，企业通过市场价格杠杆来鼓励农牧民生产优质产品，提高生产效率，增加单位家畜和单位草地面积的

生产效率和效益收入。政府应尽快建立快速有效的市场信息反馈系统,使生产者、技术人员、政府官员及时了解市场信息,逐步形成产品质量的市场认定机制,做到优质优价。第四要加大可持续草地畜牧业的宣传力度,使公众了解可持续草地畜牧业发展状况及给公众带来的利益,包括生态、环境及文化娱乐等方面的利益,了解生产者、政府和企业在可持续草地畜牧业发展中的作用及他们所做的贡献,促进公众的参与,鼓励文明消费、生态消费的理念,用全社会的力量去实现草地畜牧业的可持续发展。

(7) 可持续草地畜牧业发展的政策与技术支持

在市场经济条件下,市场是生产的主要驱动力,而政策是规范生产、引导生产的"方向盘",技术是生产的助推力。要保证政策能够促进和引导可持续草地畜牧业的发展,因此政策要引导可持续生产,要鼓励、支持和引导可持续发展,还要确保生产者利益。

在政策措施得当的基础上,可持续草地畜牧业生产体系还需要一整套技术的支持,没有技术的支持就不能实现可持续草地畜牧业。可持续草地畜牧业不单是一个发展概念更是科学技术,要有一套支持可持续草地畜牧业生产的技术。可持续草地畜牧业是一个动态发展的过程,在这个过程中,草地生态系统会对相应的技术措施和生产方式表现出响应并有所反应,从反应中能够表现出生态系统的良性变化或不良变化,从而提出对技术和生产方式的改进。生态系统对技术措施和生产方式的反应是衡量技术和生产方式是否满足可持续草地畜牧业生产体系的重要指标,也是改进技术和生产方式的主要依据。由于可持续草地生产体系的侧重点不同,技术的运用也不同,衡量技术和生产方式的指标也可能不一样。例如,在内蒙古地区的干旱草原,草地土壤的保护和草地健康水平的维护是可持续草地畜牧业生产体系的侧重点。因此,草地土壤的覆盖度、植被状况就应该是可持续草地畜牧业的最基本目标。而在甘肃肃南地区,草地的植物组成和草地的多样性保护是侧重点,那么草地植物种类的变化、优良牧草的含量就是可持续草地畜牧业的基本目标。在讨论可持续草地畜牧业概念时,我们强调过,可持续草地畜牧业概念是一个动态的过程,可持续草地畜牧业生产体系在发展过程中其生态侧重点会改变。同时,由于生态系统的反应随着时间的推移有所变化,技术的运用和生产方式也应该随之变化和改进。另外,在考虑生态目标时,其主次也有所不同,所以技术措施和生产方式的运用是随着侧重点改变而改变,随着生态系统的反应不同而改变,因此,需要长久地研究可持续发展的技术和可持续草地畜牧业生产体系的现实含义。目前,在我国广大牧区,超载过牧是草地退化的主要原因,要扭转这一局面首先就要在保证农牧民生计和文化要求的情况下,恢复草地的健康,改善植被,遏制土壤风蚀和水土流失,这是可持续草地畜牧业的第一个目标。所以，技术的侧重点和生产方式都应该支持这一目标。从某种意义上讲，可持续发展可以理解为生产体系短期经济效益的妥协和长期经济效益最大化的发展过程。技术的支持是可持续草地畜牧业生产体系的重要保证。

3.2.3　可持续草地畜牧业生产体系遵循的原则

从生产体系可持续发展的角度出发，可持续草地畜牧业发展有两种截然不同的观点。一种是严格的可持续性观点，这种观点强调自然资源的任何形式在生产发展过程中应该保持平衡，没有损失，体系内资源的各种形式要保持平衡。这种观点显然更加强调自然资源的永久利用，强调体系自身的绝对可持续。另一种是宽泛式可持续生产体系观点，它强调自然资源的可持续利用，同时又容许体系内各种资源形式的互补和相对平衡。这种宽泛式可持续生产体系观点是相对的整体性的可持续发展。为达到生产体系整体的可持续性，体系内的资源形式可以替代和互补，同时容许体系以外其他体系的资源的投入和替代。根据我国国情和畜牧业发展的现状，宽泛的可持续发展概念更符合我国的国情，且要具体问题具体分析，我国草地种类多，一概而论的经验或者盲目引用的技术是不可取的。例如，国家目前实行的退耕还林（草）、休牧、退牧等政策，其实就是对草地环境的外补偿的一种极端措施。已有学者针对我国 2003 年开始的大面积禁牧政策进行了 Meta 分析，其结果表明，禁牧是退化草地植被恢复和固碳的有效措施，但是对植物物种多样性的维持是不利的。且禁牧在湿润地区的效果要好于干旱地区，并建议禁牧时限在 6～10 年最好。可持续发展的核心思想是当代发展和后代发展的关系问题，是满足当代发展需要的同时如何保证后代发展需要的问题，因此，宽泛的可持续发展概念更加科学和合理。严格的或绝对的可持续很难实现，同时，保证自然资源的绝对平衡也不一定符合后代可持续发展的需要。当代对后代在资源的享有和分享上不一定承担责任，但是当代对后代在获取生产效益的能力上却一定要承担责任，当代要保证后代能够具有享有一定生活水平和相应消费水平的能力，这才是当代对后代责任的核心。前面已讨论了可持续或可持续发展的概念，概念的定义有许多种，任何一种定义都有片面性，但是无论何种定义，其主要目的或目标是一致的，那就是要在提高和改善生产体系效率的同时不要对自然资源造成破坏，从而影响或剥夺后代追求相同利益的权利。可持续性是发展的目标而不是行动指南或技术的实施方案。可持续性包括了这样几个方面的含义：①保护生态环境，②人类世代之间的平等性和对资源利用的效率；③环境价值和对环境系统各种限制因素的认知程度。可持续性不可能用简单的几个变量就可以定义或度量，在农牧业生产体系中更不可能对可持续性设定一个具体的尺度。Heal 对可持续性确定了 3 个原则。

1）资源的持久利用与资源价值的保持原则。资源的利用不仅要满足当代的需要，而且还要保证后代的需要，同时要保证资源的价值不会改变。例如，畜牧业生产对草地资源的利用不能影响后代对草地资源的相同利用目的，而且草地资源的价值不能由于现在的利用而降低。

2）资源的多重价值原则。资源的价值不仅表现在生产价值上，而且可能还有其他的价值。例如，就草地资源来讲，草地资源有生产价值，与此同时还有文化价值和娱乐价值。植被的好坏有生产价值，还有水源保护的价值等。

3）资源动态变化原则。草地的资源有植物、土壤和家畜，这些资源都处于动态变化的状态，变化的范围和变化的趋势有所不同。植物资源受季节、气候、放牧和土壤条件影响而变动，土壤资源受植被状况、气候条件变化而变动，家畜资源受生产、饲草及环境影响而变动。植物资源状态可以从好变为不好，也可以从不好恢复到好，然而不同的资源其恢复的性质不同。家畜资源的恢复一般都比较快，因为家畜是生产体系的主体，受到的重视程度最高。土壤的恢复就很慢甚至不可恢复。所以在资源的动态变化原则中，有一个非常重要的内涵就是资源恢复的难易程度。

3.3　草地畜牧业生产体系理论与模型研究

3.3.1　可持续草地畜牧业生产体系的生物经济学理论模型

草地生态系统是一个动态的系统，不仅具有生态属性而且还有生产属性，所以可持续草地畜牧业生产体系就是一个动态的具有经济属性的整体。对可持续生产体系进行数学定义时，要考虑自然资源管理的长期效应，Pandey 和 Hardaker 首先提出了生物经济学模型，并用它来定义可持续生产体系。

最大值：
$$J = \sum_{t=0}^{T} \pi(x_t, u_t)\delta^t \qquad (3-1)$$

分别表示：
$$x_{t+1} - x_t = g(x_t, u_t) \qquad (3-2)$$

$$x_0 = x(0) \qquad (3-3)$$

$$x_t \geqslant X_T \qquad (3-4)$$

式中，J 是所规划 T 时间段内的所有资源折损后的总和；t 是年度指数；π 是对草地畜牧业生产活动表现的度量值；x 是自然资源的总量（变量）；u 是草地生产体系管理措施（可控变量）；δ 是折损系数[$\delta=1/(1+r)$，r 是折损率]；g 是每一时间段自然资源变化的度量值，度量值取决于自然资源的总量和自然资源的管理措施。公式（3-4）就是严格的可持续性的定义公式，也就是说，资源量 x_t 在特定时间 T 时，不能小于 X_T。而在宽泛可持续性定义中，X_T 被定义为零，以强调系统之间资源资本的交换。而这在严格可持续性定义中是不容许的。

以上模型是可持续性生产体系的经典数学模型定义，在可持续生产体系中，所追求的主要目标就是 J 的最大化。也就是说在可持续发展的生产体系内，各种资源的折损越小，J 值就越大，生产体系的可持续性就越强。

3.3.2　可持续草地畜牧业生产体系生物经济学模型的拓展模型

Heal 提出，社会还可能认可某一天然资源消费价值以外的其他属性价值。比如，森林资源，它最主要的消费价值形式是木材，然而，森林还有其他的价值，如生物多样性价值、固碳的生物价值及旅游的文化价值等。因此，在任何一个可持续性的数学模型中应当加上传统消费价值以外的生态价值和文化价值。在草地畜牧业生产体系中，饲草除了具有生产价值以外，还有生态价值和社会价值，如降低土壤风蚀，改善草地水资源管理，减少沙尘暴对外环境的影响，增加旅游价值等。

因此，对这种动态的多重属性生产体系又提出了动态规划模型。

最大值：
$$J = \sum_{t=0}^{T} \pi\left(PG_t, P_t, SR_t, F_t\right)\delta^t \tag{3-5}$$

其中，
$$PG_{t+1} - PG_t = f_1\left(PG_t, P_t, SR_t\right) \tag{3-6}$$
$$P_{t+1} - P_t = f_2\left(P_t, F_t\right) \tag{3-7}$$
$$PG_0 = PG(0) \tag{3-8}$$
$$P_0 = P(0) \tag{3-9}$$

式中，PG 是草地多年生优良牧草的比例；P 是土壤肥力；SR 是草地的载畜量[头（只）/亩（hm^2）]；F 是草地施肥量[kg/亩（hm^2）]。f_1、f_2 是第一、第二次施肥量。

3.3.3　可持续草地畜牧业生产体系的动态规划模型

在实践中，可持续草地畜牧业生产体系的动态规划模型是一种理想选择，动态规划模型是在保证生态和社会效益的同时，对生产体系进行优化。对生产体系的优化是经济效益的优化。可持续性是对短期经济效益的妥协和实现长期经济效益最大化的过程，这是可持续性概念包含的经济学理念。可持续动态规划模型包括若干个亚模型，亚模型是可持续草地畜牧业生产体系所涉及的各种生态功能。在我国草地退化严重的现实情况下，动态模型应该包括农业目标、农业活动、农业资源和约束、外部因素等，模式图见图 3-1。

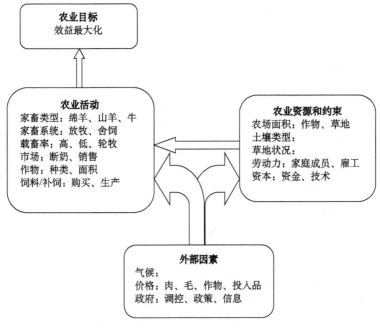

图 3-1 动态模型模式图

3.3.3.1 草地植物组成模型

草地植物组成数学模型是 Clark 提出的资源-收获模型。该模型假设家畜生产是草地植物的收获者，在家畜生产的同时，草地植物组成也在发生变化，该模型通过分析和预测草地植物组成评价家畜生产的可持续性。草地植物组成是草地健康状况和草地生产水平状况的一个重要指标，在家畜生产体系中，草地的植物组成，特别是草地优良饲草植物种类在草地植物种类中的比例是衡量草地健康和草地生产水平的重要指标。一般来讲，草地优良饲草植物是由多年生 C_3 植物和少数 C_4 植物组成，大部分 C_4 植物和灌木都是非优良牧草。因此，草地植物组成模型是模拟和分析草地畜牧业生产体系可持续性的一个重要的数学模型，这个模型对草地在生产状态下植物组成变化进行分析和预测，对现有的生产技术和管理技术进行评价，对家畜生产与草地植物组成的互作进行分析和预测。草地植物组成模型的数学公式定义为

$$CG_{t+1} = GC_t + \Delta GC_t - H_t \tag{3-10}$$

式中，GC 是草地优良牧草所占的比例；ΔGC 是草地植物组成的变化；H_t 是家畜放牧强度。

如果去掉家畜生产或家畜对草地植物的收获，那么草地植物组成就完全表现

了草地植物的固有生长行为。所以，

$$\Delta GC_t = GC_t \times r(1 - GC_t / K) \qquad (3\text{-}11)$$

式中，r 是植物的固有生长率；K 是草地载畜量。

当家畜生产存在时，家畜的采食从生态学角度来讲就是植物的天敌，家畜和饲草组成了草地生态系统的食物链。如果单纯从生态学角度讲，一种生物的天敌数量与它的种群数量有关，在植物和家畜食物链中，如果植物群体生长旺盛，家畜群体数量就会上升，家畜群体数量上升到一定水平就会导致植物生长水平的下降，饲草供应量下降，此时，家畜的数量就会下降。这种情况完全是生态学和生物学的极端情况。但是，在畜牧业生产中，家畜和植物就组成了草地生态系统的食物链。草地退化对畜牧业生产的直接影响就是载畜量下降。如果 φ 表示家畜对草地植物的收获（采食）系数，SR 为实际载畜量，那么，

$$H_t = \varphi SR \sqrt{GC_t} \qquad (3\text{-}12)$$

植物的固有生长量 φ 会有所不同，以在甘肃省肃南草原的研究为例，当 $\varphi=0.07$ 时，不同载畜量对草地植物组成或优良牧草组成的影响不同。当载畜量分别为 0.2、0.3、0.4 时，草地的优良牧草组成显著地改善，当 $r=0.2$ 时，大约需要 15 年时间草地的优良牧草组成达到最佳状态。而当实际载畜量 SR 为 1.0、1.5、2.0 时，草地优良牧草的比例将从最佳状态下降，同样当 SR 达到 2.0 时，大约需要 15 年时间，优良牧草比例下降至接近零。

3.3.3.2 水平衡模型

草地水平衡模型是草地水管理的模拟，模型主要是预测和分析草地水分变化受气候和草地管理方式影响的情况。水平衡模型在可持续草地畜牧业生产体系的总模型中，分析、预测在一定的草地畜牧业生产体系下，草地径流的大小、水土流失的情况、地下水回补情况、草地生长行为及饲草的产量。在可持续草地畜牧业生产体系中，水平衡模型能够定义和预测草地水平衡的变化，为可持续草地畜牧业生产技术的实施提供决策依据。最常见的水平衡模型是 PERFECT（productivity, erosion and runoff function to evaluate conservation techniques）。该模型的主要数据库是气象资料，特别是特定地区的降雨数据，根据气象资料，模型将模拟和分析以下指标：

1）水平衡状况。包括草地径流量、土壤水分蒸发、土壤通透性、土壤水分储存、草地水分的分配和渗透。

2）植物生长状况。包括植物叶面生长、草地生物量及饲草产量。

3）水土流失状况。

4）草地表面植物存量等。

3.3.3.3 土壤风蚀模型

草地土壤的厚度是决定草地植物生长量和饲草量的重要因素，也是土壤肥力的一个重要指标。草地土壤厚度变化也表明了土壤的流失和风蚀状况，土壤流失和风蚀是我国大部分草原地区目前所面临的主要生态问题。在可持续草地畜牧业生产体系中，土壤的厚度应该是保持不变的。也就是说，可持续生产体系当中，土壤是不可再生的资源，因此保持土壤厚度是草地可持续生产体系的重要生态指标。草地土壤厚度模型的数学定义公式表达为

$$SD_{t+1} = SD_t - \Delta SD_t \qquad (3-13)$$

$$\Delta SD_t = \frac{Et}{SW} \qquad (3-14)$$

式中，SD 是草地土壤厚度（变量）；ΔSD_t 是草地土壤厚度在 t 时间的损失量；t 为特定的时间；SW 是土壤的质量（g/cm^3）；Et 是土壤在 t 时间的总损失量（t/hm^2 或亩）。那么又有

$$E = \int (I, K, C, L, V) \qquad (3-15)$$

式中，E 是土壤的总流失量，总流失量与土壤的特性、气候状况及草地的植被情况有关，但并不是简单的线性关系；I 是草地土壤的流失系数；K 是土壤粗糙因子；C 是气候因子；L 是无遮盖距离；V 是植被覆盖度。土壤的流失系数 I 是一定特性土壤每年的平均流失量。土壤的特性包括土壤结构、有机质含量、碳酸钙含量等。K 指的是在土壤耕作时所引起土壤结块和平整度的变化系数，对草地来讲，$K=1$。C 是特定地点的土壤湿度和主风对该地点的侵蚀性。L 是主风向无遮掩地域的土壤风蚀度。V 是指土壤表面的植被类型和种类。有关土壤 I、K、L、C、V 值的计算可参考 Jones 等（2008）的研究。

草地土壤的风蚀程度不仅与土壤本身的特性有关，还与草地的多项生态指标有关，特别是草地植被覆盖度，退化草地的重要特征是土壤覆盖度下降，裸露土地面积增加，风蚀程度加剧。在我国北方，冬春季特别是春季的风很大，风力也强，植被的覆盖度与沙尘暴的形成有着直接的关系，因此，在草地畜牧业可持续生产体系中，草地土壤的植被覆盖度是保证。

3.3.3.4 草地家畜生产模型

在草地畜牧业生产体系中，有一些基本的概念和公式。

羊单位：一年内放牧一头成年绵羊所需放牧草地的亩（公顷）数，单位为"头/[亩（hm^2）·年]"。

载畜量：$EWES_t = AREA \times SR_t \qquad (3-16)$

式中，$EWES_t$ 是草地特定时间段的载畜量，它是草地特定时间的生产状况的表现，特定时间段的家畜生理状况。

后备家畜数量生产：$REPL_t = EWES_t(RF+MORT)$ 　　　　　　（3-17）

式中，$REPL_t$ 是后备家畜的数量；RF 是家畜的淘汰率，也可以定义为群体的更换率，其值等于当年淘汰家畜数所占群体数的比例；$MORT$ 是群体成年家畜的死亡率。

群体总母畜数：$TEWES_t = EWES_t + REPL_t$ 　　　　　　　　（3-18）

断奶成活率：$W_{rate} = -0.89+3.7BC-1.8BC^2$（Jones et al., 2008）　（3-19）

式中，W_{rate} 是断奶成活率；BC 是母畜的体况。

家畜体况：$BC=LW_i/SRW$ 　　　　　　　　　　　　　　　（3-20）

式中，LW_i 是个体家畜的活重；SRW 是特定品种的标准体重，标准体重是品种的特征，可以从品种说明中得到。

家畜出栏数：$L_{sold}=EWES \times W_{rate}-REPL$ 　　　　　　　（3-21）

式中，L_{sold} 是当年家畜出售数量。

出栏率：$L_{rate}=L_{sold}/L_{total}$ 　　　　　　　　　　　　　（3-22）

式中，L_{rate} 是出栏率；L_{total} 是家畜总数量。

家畜总补饲量：$TSUPP=\sum TLAMBS$ 　　　　　　　　　　（3-23）

式中，$TSUPP$ 为总补饲量；$TLAMBS$ 是总幼畜数量。

总剪毛量：$W_{cut}=12.2-1.2LW+0.04LW^2-0.0004LW^3$（Jones et al., 2008）（3-24）

草地生产模型是分析和预测草地生产和家畜生产互作的模型，也是草地畜牧业可持续生产体系的核心。草地畜牧业可持续生产体系是以家畜生产为主体的生产体系，家畜生产完全取决于草地生产状况。就草地而言，草地生态系统的健康是保证草地生产水平的前提。草地家畜生产体系包括人、家畜、草地生态系统，草地畜牧业生产的产品包括家畜产品（毛、皮、肉、奶等）、生态产品，其中生态产品是可持续生产体系的重要特征。人是生产体系的主宰，家畜是生产体系的主体，草地是生产体系的基础，这三者是互相联系并互相影响的。家畜的繁殖、增重、生产水平等都与草地的健康及草地的生产水平直接相关。在草地生产体系中，草地优良牧草比例、草地的生物量、草地牧草生产水平等都影响家畜的生产水平。同时，家畜的体重，家畜的生理阶段、不同的家畜品种对草地的影响也不同。　所以，草地生产体系是家畜和草地的互作过程，家畜和草地的互作是由管理来实现的。可持续草地畜牧业生产体系就是要实现草地和家畜的良好互作状态，实现生产和生态之间的良好吻合与平衡。可持续草地畜牧业生产体系的家畜生产模型就是分析和预测在草地资源可持续利用前提下的家畜生产，它的目的是实现家畜和草地的互作，家畜和生态的吻合与平衡，其数学定义公式为

$$LP=f(DBG, WP, LWD, \cdots) \qquad （3-25）$$

式中，*LP* 为家畜生产总量；*DBG* 为家畜日增重；*WP* 为产毛量；*LWD* 为羔羊的断奶成活率。显然，模型当中可以包含生产体系中更多生产变量。

3.3.3.5　生产体系经济优化模型

生产体系经济优化模型是可持续草地畜牧业生产体系的优化，优化模型是可持续草地畜牧业生产体系模型的一个亚模型，所以优化模型不是生产体系的简单优化，而是在满足了所有亚模型要求的前提下对生产体系的优化，满足亚模型的要求其实就是可持续生产体系模型对生产体系短期效益的妥协和长期效益的最优化，这就是可持续草地畜牧业生产体系模型的核心。生产体系的经济优化模型构架如图 3-2 所示，后面章节将进一步讨论该模型细节。

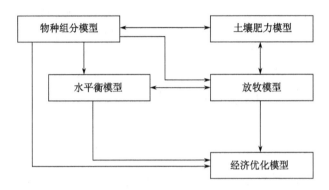

图 3-2　生产体系的经济优化模型构架

3.4　反刍家畜在可持续家畜生产体系中的功能

反刍家畜由于其特殊的生物学特性及特殊的消化系统，能够消化其他家畜和人类不能利用的植物资源。反刍家畜的瘤胃犹如一个巨大的消化缸，它积聚了复杂的微生物群落，形成了一个有效的消化植物纤维的微生物区系。牛、绵羊和山羊等重要的反刍家畜是草地、作物秸秆资源的主要利用家畜，同时反刍家畜也是土地资源的重要利用者，地球上许多土地资源由于不适宜耕种，只有通过反刍家畜才能有效地利用其粗纤维资源，为人类提供优质畜产品。

2012~2013 年，全球有 79 亿 t 谷物（占世界谷物产量的 1/3）被用作动物饲料，随着人类对动物产品需求的增加，预计到 2050 年，用于畜牧业生产的谷物需求量将在 2013 年的基础上新增 52 亿 t。根据 2000 年的数据，78% 的谷物作为饲料用于集约型生产系统的猪、禽饲养。

工厂化的猪、禽生产分别占全球猪、禽生产的 55% 和 71%。到 2030 年，该生产体系在肉类生产中的增量将超过 70%，尤其是在拉丁美洲和亚洲。由于单胃动物生产的扩张，到 2050 年，对玉米和其他谷物的需求量将新增 55.3 亿 t，占 2000～2050 年全球谷物生产量的将近一半。

2000 年，全球家畜消耗约 47 亿 t 饲料生物量，其中反刍动物利用了 37 亿 t，猪、禽利用 10 亿 t。在反刍动物所利用的饲料生物量中，48% 为饲草，约合 23 亿 t 饲料生物量，2% 为谷物，约合 1 亿 t 饲料生物量。据估计，家畜 1/6 的能量需要来自于谷物，其中家禽和猪消耗 59% 以上的谷物饲料，生产了近 39% 的动物食品。而反刍家畜（奶牛、肉牛、绵羊和山羊）消耗的谷物饲料为 37%，却生产 61% 以上的动物性食品。

非谷物性饲料是反刍家畜主要饲料资源，世界草地资源所生产的饲料换算成动物可消化能，总产量达到 5.8 万亿 Mcal[①]。作物秸秆的总消化能产量是 2.9 万亿 Mcal。同时还有大量的农业副产品可作为反刍家畜的饲料资源。以养牛业为例，假如这些能量都能转化为动物产品，就能生产 45 亿 kg 牛肉，或者 7500 亿 kg 牛奶。

因此，无论从生产角度，还是从资源利用角度，反刍家畜在整个家畜生产体系中都具有非常重要的地位。

3.4.1 反刍家畜在可持续草地畜牧业中的地位和功能

反刍家畜在可持续草地畜牧业中有着重要的作用。反刍家畜特殊的消化系统是粗纤维的天然生物性消化池。反刍家畜的瘤胃中有大量的可消化粗纤维的微生物，使其在资源利用上有其他家畜不可比拟的优势。反刍家畜，特别是牛、绵羊、山羊在可持续草地畜牧业中有很突出的优势并具有需要功能。

1）可利用再生性草地资源、作物秸秆及其他农作物副产品，反刍家畜通过特殊的消化系统把这些其他家畜不能利用的资源转换成能够被人类直接利用的畜产品。

2）反刍家畜可利用大量的不可耕土地，通过放牧使土地的利用率大大提高。

3）反刍家畜利用大量农产品加工副产品，提高了资源的综合利用效率，降低了环境污染。

随着人口增长，农业受气候变化的影响，作物生产的压力会更加突出，反刍家畜在资源的利用和促进生产体系可持续发展方面有不可替代的作用。

反刍家畜有利于促进土地的可持续利用，原因有以下几个方面。

1）发展饲草料生产可以有效地保护耕地，增加土壤肥力，增加植被覆盖度，减少水土流失。

---

① 1cal=4.184J。

2）反刍家畜生产可以避免土地的过度开垦，保护环境。

3）反刍家畜生产可促进退化土地的恢复和改良。

4）反刍家畜可以促进草田轮作，改善土壤肥力。

5）反刍家畜可促进农业生产结构优化，增加动物性蛋白生产，改善人民生活。

如果把 1hm² 土地所生产的苜蓿产量折合成蛋白质，与同样面积所生产小麦的蛋白质比较，小麦的蛋白质产量只有苜蓿蛋白质产量的 21.5%。假设这些植物蛋白都作为奶牛饲料，那么根据转化率，苜蓿可以获得 753kg 的动物蛋白，而小麦只获得 647kg 的动物蛋白。从这个意义上讲，饲草的生产效率高于作物的生产效率。因此，发展草食家畜不但可以促进可持续发展，而且还可以增加生产体系的经济效益。

畜牧业生产是整个食品生产体系中的重要组成部分，反刍家畜在这个体系中具有特殊的地位和优势，发展反刍家畜生产是促进农业可持续发展的最好途径。

1）反刍家畜可以利用农业生产不能利用的土地资源，还可以利用其他家畜或人不能利用的资源生产高品质的畜产品。所以，反刍家畜生产可以显著地提高资源的利用率。

2）反刍家畜与人争粮的情况远远要比单胃家畜生产低很多，所以可以缓解粮食生产的压力。

3）反刍家畜促进饲草种植业，有利于草田轮作制度的建立，有利于土壤保护。

4）反刍家畜还可以作为粮食生产的缓冲，可以调节粮食价格的波动，有助于作物生产的可持续发展。

5）反刍家畜的动物产品可极大地改善人们的膳食结构和营养结构，有利于人类健康。

另外，粮食作为饲料资源在反刍家畜生产体系中可以发挥更为重要的作用。粮食不仅可以作为精料，同时还可以显著改善反刍家畜对其他类型饲料的利用率，改善生产体系的效率和生产效益。奶牛生产的研究表明，粮食作物用作饲料可以提高奶牛生产效率，提高的幅度可以达到96%～276%。在肉牛生产上，由于生产体系的差别，生产效率改善的范围比较大，从28%～104%。尽管肉牛生产体系的效率提高程度与奶牛相比较低，但肉牛为人类蛋白质食品源直接提供高质量、高附加值的肉产品。综上所述，反刍家畜是畜牧业可持续发展的重要的家畜类型和家畜生产产业。发展草食家畜和草地畜牧业还可以促进农业可持续发展。

绵羊、山羊等小型反刍家畜在可持续草地畜牧业中具有不可替代的作用，首先从全球角度讲，全世界现有10.44 亿只绵羊和7.46 亿只山羊，折算成家畜单位，绵羊数量在世界家畜总数量中占第二位，山羊占第四位。绵羊的 65% 来自于发展中国家，35%来自于发达国家。山羊的 96%在发展中国家。同时，由绵羊和山羊这两种小型反刍家畜生产的肉奶产量分别占全世界肉奶产量的 4.8%和 3.4%。虽然，发达国家小型反刍家畜的肉奶产量分别仅占其总量的 3.0%和 1.6%，但是发展中国家的这个比例达到 6.2%和 6.1%。从世界范围来看，绵羊和山羊存在于绝大多数家畜生产体系，无论是发达国家（如澳大利亚、新西兰）的集约型绵羊生产体系，还是粗放型的家畜生产体系，小型反刍家畜绵羊和山羊都是主要的家畜类型，因为小型反刍家畜在资源的利用上比大型反刍动物奶牛和肉牛都高，而且还可利用大型反刍家畜不能利用的草地资源。同时，小型反刍家畜还可以和牛混合放牧，这不但可以提高草地资源的利用率，而且还可以改善草地的管理，有利于草地的恢复。良好的小型反刍家畜放牧体系可以丰富草地植物的种类，改善草地生态系统的健康水平。

小型反刍家畜还是许多国家景观生态管理的重要畜种，特别是在欧洲的一些地区，绵羊和山羊被用来进行景观管理，维护生态景观的多样性，提高景观质量，防止景观退化。绵羊在维护欧洲有些地区的草地景观生态方面起到了重要的作用；如果没有小型反刍家畜，这些草地景观会很快被灌木和其他树木所取代，造成草地生物多样性的丢失和景观生态的改变。虽然，草地的退化大多数情况下是超载过牧造成的，但这是管理的问题，不是动物本身的问题，小型反刍动物是草地生态系统重要的生物组成，所以科学家声称没有草地畜牧业的草地才是生态的最大威胁。

从我国的情况来看，小型反刍家畜——绵羊和山羊是可持续草地畜牧业不可缺少的家畜类型。我国的绵羊数量已经达到 1.7 亿只，山羊更多达到了 1.9 亿只，而且，养羊业是我国六大牧区的主要畜牧产业，山羊还是南方地区草山草坡畜牧业的主要畜种。中国草地面积达到 39 亿 hm^2，共有人口 4000 多万人，居住着 40 多个少数民族，养羊业是少数民族的传统畜牧业，其文化与养羊业密不可分。可持续草地畜牧业的重要特征是文化的可持续，所以，从这个意义上讲，小型反刍家畜也承载着可持续草地畜牧业的文化属性。从养羊业的生产属性看，2006 年，养羊业所生产的羊肉总产量达到 363.84 万 t，占当年肉类总产量的 5.8%。同时，从 1996～2006 年羊肉产量在肉类总产量中的比例逐渐上升，从 1996 年的 3.9%上升到 2006 年的 5.8%。与此同时，牛肉产量也在上升，从 1996 年的 7.8%上升到 2006 年的 9.3%。 由此看来，反刍家畜，特别是小型反刍家畜是我国畜牧业产业的重要组成，也是可持续草地畜牧业的重要组成。因此，从生产角度和资源利用角度来讲，中国养羊业或小型反刍家畜生产业是家畜生产体系的重要组成部分。

3.4.2　反刍家畜促进土地资源的可持续利用

反刍家畜的非谷物型饲料资源非常充分，地球土地资源的 55%能够生产反刍家畜所能够利用的饲草，包括草地、草原、山坡、山地及森林和灌丛等。据估计，每年来自这些土地资源的饲草资源将近达到 5.8 万亿 Mcal 的代谢能，同时耕地作物每年所生产的秸秆也可提供将近 2.9 万亿 Mcal 的代谢能。我国每年生产作物秸秆和副产品 7 亿 t，所提供的代谢能将近 2500 亿 Mcal，这些代谢能如果能够全部用于反刍家畜生产，将能够提供 45 亿 kg 的牛肉或 7500 亿 kg 的牛奶。

由于反刍家畜生产需要，全世界大约 25% 的耕地用来进行饲草料生产，这无疑对防止耕地水土流失发挥了积极的作用。我国西部环境脆弱地区有大面积的土地其实不适宜进行作物生产，这些土地资源的有效利用和可持续利用只有通过反刍家畜生产来进行。目前，我国西部日益严重的水土流失及频繁发生的沙尘暴已成为公众关注的一个非常突出的环境问题和社会问题，对这一地区的可持续发展造成了挑战。发展反刍家畜生产，通过饲草种植，将有效防止水土流失、增加土地植被覆盖度、促进生产体系的可持续发展。

反刍家畜生产可以提高家庭式农业生产的经济效益，同时促进整个生产体系的可持续性。由于反刍家畜生产可增加家庭生产的多元化，降低风险，同时反刍家畜生产还可促进耕地的轮作制度实施，通过种植豆科作物增加耕地有机质含量，提高肥力。反刍家畜还可以利用边际型土地，使不适宜或不能耕种的土地资源得到利用，产生经济效益，增加农民收入，提供动物性产品。

单位耕地面积种植不同作物所能生产的蛋白质总量是不同的，如每公顷耕地所生产的小麦以 5.4t 计算，其蛋白质含量是 12%，总的蛋白质产量是 647kg。而苜蓿的产量为 15t，蛋白质含量为 20% 左右，其蛋白质产量是 3010kg。小麦的蛋白质产量仅为苜蓿蛋白质产量的 21.5%。当苜蓿饲喂奶牛后，奶牛可以将植物性蛋白转换成动物性蛋白，其转化率为 25%，最后奶牛能够将 3010kg 的植物性蛋白转换成 753kg 具有更高营养价值的动物性蛋白。因此，从所转化的动物性蛋白总量来看，苜蓿仍然要高于小麦所生产的植物性蛋白的总量。如果将苜蓿和小麦进行轮作种植，可以提高水的利用效率，提高耕地的肥力和有机质含量，从而提高生产体系的可持续性。

3.4.3　反刍家畜生产促进粮食安全供给

反刍家畜能将谷物的植物性营养，特别是植物性蛋白转化成动物性蛋白。反刍家畜对谷物饲料的依赖程度低，对谷物饲料的相对消耗量要显著低于单胃家畜，降低了家畜生产与人争粮的矛盾，有利于国家的粮食安全保障。

另外，反刍家畜生产也需要谷物饲料作为精饲料来提高对饲草和农作物秸秆等植物饲料资源的利用效率，从而改善和提高反刍家畜生产体系的生产效率。通常情况下，许多研究者在计算反刍家畜谷物饲料利用效率时，主要以能量转化效率和蛋白质转化效率（食入/产出）为准来衡量反刍家畜的饲料利用率，而忽略了反刍家畜对不可食性谷物的转化，忽略了反刍家畜在利用谷物饲料的同时提高了利用饲草和农作物秸秆的效率，从而忽略了反刍家畜对天然资源的整体利用效率。

　　以一头 305 天泌乳期产奶量 8601kg、体重 636kg 的奶牛为例，其所生产的人类可食性消化能和可食性消化蛋白质分别是 5917Mcal（8601kg 奶×0.688Mcal 可消化能/kg 奶）和 256.3kg 蛋白质（8601kg 奶×0.0298kg 可消化蛋白质/kg 奶）。根据 NRC（美国家畜营养标准）的奶牛营养标准，假设其日粮中净能（NE）水平为 1.56Mcal/kg 日粮，可消化能（DE）为 2.9Mcal/kg 日粮，那么奶牛的营养需要应该是：净能需要量 29.5Mcal/天，日采食量为 18.9kg（29.5Mcal/kg 日粮/1.56Mcal/kg 日粮），305 天的总采食量为 5765kg 或 16 717Mcal 可消化能。以通常的日粮配方为例，其日粮中人可食性能量为大麦：1555Mcal；青贮玉米：2905Mcal；总的人可食性消化能为 4460Mcal；最终奶牛对人可食消化能的转化率是 133%（5917/4460）。因此，不难看出，反刍家畜生产动物性产品需要谷物饲料，但是其转化成高品质动物产品的效率很高。上面的计算是一个相当保守的计算。在某些地区由于气候等环境因素的影响，作物生长期过短不能生产谷物，而某些地区可通过重茬生产非谷物饲料，提高耕地利用率，在这种情况下，反刍家畜对人可食消化能的转化率可达到 380%。

　　由于反刍家畜不仅能利用人类和单胃家畜不能利用的饲草资源，还可以高效率地利用谷物饲料，并以高的转化率将植物性营养物质转化成品质更高、市场价值更高的动物性营养物质，因此，在世界人口持续增长、资源日趋短缺的今天，满足人口对食品，特别是高品质动物性食品的需求，就要高效率地、全面合理地利用自然资源，显然反刍家畜在这方面有得天独厚的优势。

第4章　可持续草地畜牧业生产体系的管理

草地畜牧业生产体系的概念和特点已经在前几章中进行了系统的讨论，在本章中我们将着重讨论可持续草地畜牧业生产体系的管理理论，从生产的角度出发，讨论如何实现草地畜牧业生产体系的可持续发展。在生产体系管理理论讨论中所涉及的生产体系资源主要指的是草地资源，而草地资源主要是饲草资源。可持续管理理论旨在保证和维持草地系统的健康，维护和保证草地资源的再生能力。为达到这个目标，草地的可持续管理的重点应放在草地的土壤健康、草地的生物多样性、草地的牧草组成及草地的水资源管理等方面。在可持续草地畜牧业生产体系管理中，这些方面是可持续的标志，也是管理理论中涉及的重要内容。对于家畜生产，可持续管理理论是依据畜牧科学的基本技术和基本理论，是在发挥家畜个体最大遗传潜力的基础上，维持家畜健康，保持较高的家畜生产水平，与此同时也要保证草地生态系统的健康。

在可持续草地畜牧业生产体系的概念中，涉及了众多的方面，特别是当社会因素、文化因素也被考虑进去后，可持续的概念变得非常复杂。同时，目前人们对草地生态系统及整个生态系统的认识水平还有限，当阅读了上百个关于可持续发展的概念和定义时，我们不禁要问：

1）可持续草地畜牧业生产体系的概念和内涵是什么？

2）草地畜牧业是草地和家畜共同组成的系统，它集生产、生态和文化为一体，那么如何在进行家畜生产的同时，实现生产体系的可持续性？

3）可持续草地畜牧业生产体系所包含的内容很多，不同地区、不同时间及不同的文化背景可持续的概念都可能有所变化，那么如何才能在实践中保持生产体系内各个环节的可持续发展？

4）具体到草地畜牧业生产，如何根据实际情况保证生产的可持续发展？

这几个问题是谈论可持续发展问题时必须回答的问题，草地畜牧业是以家畜生产为目的的产业活动，要实现草地畜牧业的可持续发展，首先要建立草地畜牧业可持续生产体系，最终才能实现草地畜牧业的可持续发展。

以下我们将分别介绍涉及草地畜牧业的可持续管理的理论。

1）建立可持续草地畜牧业生产体系的四维理论；

2）Jones 和 Sandland 可持续草地畜牧业生产体系管理理论；

3）可持续草地畜牧业生产体系的草畜平衡理论；

4）可持续草地畜牧业生产体系的要素优化理论。

可持续草地畜牧业生产体系是短期经济效益的妥协与长期经济效益最大化的发展过程。因此，要实现可持续草地畜牧业就必须首先接受短期经济效益的现实要求。在现实情况下，生产体系的经济效率仍然是重要指标，实现可持续发展是一个过程。相比其他国家，特别是发达国家可持续草地畜牧业生产体系的内容，我国更强调生产的可持续性和维护生态系统的最低健康标准。随着经济和社会的发展，可持续草地畜牧业生产体系的内涵将发生变化，生态健康标准也在发生变化，经济属性的重要性可能退居生态属性之后。因此，可持续的概念是一个发展和追求最佳的过程，这是可持续草地畜牧业生产体系的重要含义。

4.1　草地生产体系模型发展进展

农业系统学的奠基人之一 C. R. W. Spedding 在其经典教材 *An Introduction to Agricultural Systems*（2nd Edition）中指出，农业科学是一个多学科的交叉学科，农业简而言之是人类从事的一种活动，而农业系统（agricultural system）可认为是农业的操作单元（operational unit of agriculture），农业系统是一个庞大复杂的系统。一个系统就是一组互作的部件组成的，为了一个共同目的而协同的体系。农业科学的多学科交叉属性决定了任何一个决策都要从多方面考量。因此农业系统的科学研究要经常使用系统学方法。生物学效率高的决策，其经济学效率未必相似。而在现代农业发展的今天，生态环境因素成为所有决策制定的出发点。

在系统研究中，模型是一个有力的工具。农业系统模型研究从 20 世纪中期开始萌芽，虽然发展时间短，但已成为农业科学研究中的重要领域。相比之下，草地放牧系统模型的研究起步晚。我国草地系统模型的研究刚刚起步，多数国内学者对模型这种研究手段还持有怀疑态度。因此在本节中，我们将从基础开始，向读者普及模型基本的概念，模型研究草地生产体系的必要性和现今草地系统模型研究面临的问题。

4.1.1　模型基础概念解析

首先有必要对几个基本的概念和术语进行区分。

1）什么是模型：简而言之，模型是对真实世界的简化，所有的研究都在一定程度上涉及模型，模型并不深奥，但是众多学者对模型概念的准确界定众说纷纭。模型的表现形式多种多样，通常我们认为模型就是由大量公式，通过编程语言获得的软件，然而这仅是狭义的模型概念，广义的模型概念内涵较广，模型也可以是一种抽象的理念，或是对某一系统和现象的文字描述。

2）什么是数学模型：用某一个数学公式或一组数学公式来代表和描述某一系统的状态。

3）什么是农业系统模型：农业模型是一种研究方法，与其他科学研究中运用的方法类似，系统模型的存在就是帮助我们整合现有知识，通过模型构建和使用，帮助我们更好地理解复杂的系统。

4）什么是生物经济学模型：生物经济学模型（bioeconomic model）是目前出现频率较高的词汇。生物经济学模型不是单独的一类模型，而是两种模型的结合，它是一种同时运用生物学和经济学原理的模型，生物学模型用于生产体系描述，而经济学模型将生产模拟与市场价值和资源限制联系起来。生物经济学这个词汇最初由渔业研究者提出并运用，这里我们列出生物经济学的两个常见定义，一是"生产系统生物学性能相关的数学模型用于该系统的经济和技术领域"，二是"维持持续生产的同时使经济收益最大化"。第一个概念强调生物经济学在农业生产体系中的应用，第二个强调资源管理。

4.1.2 模型的分类

模型的分类由于依据的不同而不尽相同。我们结合 Cacho 及 Thornley 和 France 的分类方式，将模型分为以下几类。

1）简单模型与整体模型：顾名思义，这两种模型的区别在于复杂程度。简单模型可以是一个或几个公式构建而成的模型。整体模型通常研究的对象是整个系统，因此复杂性更高。

2）机械模型与经验模型：这是文献中经常出现的两种词汇。Thornley 和 France（2007）认为，二者最大的区别在于，机械模型能在一定程度上对模拟对象或现象进行解释，而经验模型只是描述。也有学者认为经验模型注重预测，而机械模型注重描述。Cacho 将经验模型比喻为黑盒子，即根据输入变量，得出结果，而不考虑具体结果的求出方式。而机械模型的重点在于研究结果如何导出。机械模型更注重科研，帮助理解整个复杂的系统及部件之间的互作，机械模型是对系统的科学认知，是开放的、动态的，因此也是目前生产体系模型研究的主要方式。随着人们对模型研究要求的不断提升，机械模型也从过去的研究模型上升到应用模型，取代了部分经验模型的功能。而经验模型的局限在于其应用范围，举例说明，标准曲线的制作可以视为一个经验模型建立的过程，但是每个标准曲线都有其适用范围。当然不能说经验模型就是落后的，因为还没有完全的机械模型。因为我们对现有系统认知存在局限性，在系统模拟过程中或多或少都会运用到经验模型模拟的方法。

3）静态模型与动态模型：二者的区别在于对时间变量的处理。静态模型不考虑时间变量而动态模型则反之，考虑量随时间变化的变化。

4）确定性模型与随机模型：顾名思义，二者的区别在于是否考虑了随机变量。随机性在农业生产中的应用较广，如自然灾害、疫病等的发生。因此随机变量在农业生产模型中运用较广。但是确定性模型是一切生产系统模型的基础。通常是先建立一个确定性模型，然后加入随机模块或者概率分布模块等。

5）正演模型与规范性模型：正演模型通常是描述性模型，即这类模型就是说明不同的投入后，产出会有什么不同。而规范性模型通常具有优化模式，可以在决策者设定的条件限制下，模拟出最优方案。

6）目的性模型与框架（层级）模型：以目标设定和层级分析优化系统的解决方案，为决策者提供有效的决策手段和依据。

4.1.3　模型研究的意义

所有科学研究都涉及模型，模型不是一种方法论，而是一种了解世界并改造世界的思维方式。换言之，模型是一种系统化的思考方式。模型在生产体系研究和管理中的应用很广，Cacho（1997）将农业生产体系模型的用途总结为以下几个方面：①整合现有数据和理念；②明确研究空白；③筛选未来试验；④产生并检测假设；⑤推演不可计量的参数；⑥解释并评估试验结果；⑦设计高效生产体系；⑧确定已有生产体系下的优化生产环境；⑨政策评估。必须强调，模型和数学是完成科研的手段和方法。数学和计算机程序中衍生而来的假设也是基于最基本的生物学概念，而模型和计算机程序仅是为研究现有复杂系统提供的一个有效的框架。

4.1.4　模型研究的注意事项

任何一个模型都不是万能的。模型也不等价于一个真实的系统。不可能存在包罗万象的模型，否则就违背了模型是简化系统这一核心特点。农业模型研究者一直在孜孜不倦地试图将其所开发的模型完美化，但是没有任何模型是完美的。确定模型的预期用途是所有模型开发初期的第一要务，也是后期模型矫正和评价的主要参考依据。

系统模型的核心理念是系统包含彼此互作的各组分，组分间的互作是系统运行的决定性因素。系统模型方法的内化更具有可变性，而不是作为空白预算表格模型处理的外因或忽略方式。内化法在分析自然资源管理问题时具有优势。

系统模型在应用于管理时是比较复杂的。就此而言，学者指出综合模型可以用于鉴别和筛选适于特殊用途管理模型的关键因素。该模型的优势是给大尺度环境提供了更精确的预测，而经验模型略微逊色。

4.1.5　草地生产系统模型发展简史和研究瓶颈

农业系统模型研究的开端可追溯到 20 世纪 50 年代。谈到农业系统模型，就不得不提到一位荷兰的物理学家 CT de Wit，他是农业系统模型的先驱之一，农业生产体系模型研究之初，尤其是作物生产的模拟方面，现有的关于生物和农业的模型构造基本原则，都是由 CT de Wit 提出的。

作物模型是农业系统模型的主导，第一个综合性草地模拟模型是由美国开发的 ELM 模型（Moore et al.，2014）。与作物模型相比，由于家畜生产要素的加入，反刍动物生产体系模型更难，更复杂。随着计算机技术的不断完善，家畜系统模拟已经从早期面向生产体系部分的模拟，转变为更为复杂、动态、机械化的系统模型，并能够模拟系统的主要方面。

要综合模拟家畜、气候、土壤、植被和管理等之间的复杂和动态的互作，在现今技术下仍然不能完全实现，因此模型开发的过程中复杂性和功能之间必须权衡，而方法的选择可以是简单的经验型回归公式到复杂的机械化方式（Eckard et al.，2014）。Snow 等（2014）提出了反刍动物放牧生产体系模拟中的主要挑战：①草地植物种间的互作；②非间接多重经济收益（肉、毛、奶等）及其协调；③草地和放牧家畜选择性采食间的互作；④家畜游走的营养物质转化；⑤复杂管理系统和单小区层面间的区别。

本书的主题是生产体系，因此本节涉及的模型均为系统模型而非生产体系某个特定组件模型。Snow（Snow et al.，2014）综述了 6 个世界范围内使用频繁，并不断开发的系统模型，文中有各模型详细的描述性材料[APSIM（Holzworth et al.，2014），FASSET（Berntsen et al.，2003），AgMod（Johnson et al.，2003），GRAZPLAN（Donnelly et al.，2002），IFSM（Rotz et al.，2005），DIESE（Martin-Clouaire and Rellier，2009）]。有兴趣的读者可以查阅此处引用的文献，或 Bryant 和 Snow 2008 年发表的综述文章，详细了解。

4.1.6　我国草地生产体系模型研究的进展

家庭牧场这个概念在现今中国草地研究中比较流行。在一篇近期发表的综述中（李治国等，2015），作者总结了家庭牧场模型在中国的进展并指出草地模型的研究在中国是很薄弱的。目前我国有关草地模型方面的研究工作，都是将发达国家的模型引入后进行简单的校准和参数调整后进行应用。

目前，GrassGro 模型已经在内蒙古某试验点进行了校准（段庆伟，2006；蒙旭辉，2009），模拟草地生长、草地营养动态变化，建立草畜平衡放牧率阈值，优化内蒙古典型草甸放牧管理的科研工作已有报道。目前仅有两篇硕士论文（宫海静，2006；王贵珍，2016）报道了针对松嫩平原和青藏高原放牧系统优化、开发的原创模型。ACIAR Stage one 模型（Takahashi et al.，2011）和 Stage two 模型已在我国内蒙古、甘肃、新疆等地试用，并被转化为中文版本，移植到新的平台。最新的研究成果 Stage three 模型已经在我国青藏高原高寒草甸区藏羊生产体系运行成功，该模型为 ACIAR 研究的最新成果，是一种综合性草地生产生物经济学模型，以藏羊和牦牛为对象在青藏高原高寒草甸区进行了模型的参数化和相关校正工作，这是该类模型在青藏高原乃至我国的第一次尝试。相关研究成果填补了我国这一研究领域的空白，后期模型矫正和牦牛子模型也正在开发中。

应用型优化模型在我国受到欢迎，而一些复杂的研究性模型在中国的利用较少。这部分模型通常需要大量的实测数据进行参数校正。在我国北方草地粗放生产模式下，要收集这些详细的数据较为困难。另外一个可能的原因就是我国北方草地植物种类复杂，目前的模型模拟方法无法模拟出超过 5 种的草地植物种间的互作关系。我国放牧系统的模型研究较为落后，而目前尚未有相关针对我国放牧生产体系下草地生物经济学模型的报道。

4.2　可持续草地畜牧业生产体系的四维理论

假设可持续草地畜牧业生产体系考虑经济效益和生态效益，其中生态效益以草地的植物生物量作为衡量指标，这样生态状况越好，草地的生物量就越高。那么，用 M_i 和 M_x 分别表示经济效益和生物量的最小值和最大值。从可持续发展的概念得知，最大值和最小值都不应该是可持续生产体系追求的目标。因为，经济效益的最大化，就会造成资源过度消耗，导致草地退化；但如果是饲草生产水平最大化，就意味着家畜生产的停滞，经济效益就无从谈起，草地生产系统的生产属性就不能体现。图 4-1 说明了这个理论的核心。假设 x 轴为生态状况，y 轴为经济效益，与此相反，如果 x 轴表示经济效益，y 轴表示生态指标并分别确定一个最大值 M_x 和最小值 M_i，那么就形成了一个区域，这个区域可以形象地称为"信封"，信封的大小表明了经济指标和生态指标的变异幅度。假设，x 轴的最小值 M_i 表示草地生态系统的最基本或最小值，如果低于这个值草地就表现退化，M_x

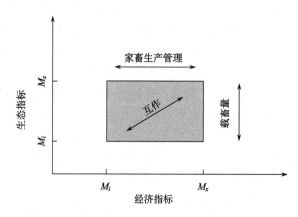

图 4-1　可持续草地畜牧业生产体系管理理论框架

是生态系统健康状况的最大值，超过这个值意味着利用过少，也出现退化。同样，在 y 轴上的 M_i 表示经济效益的最小值，M_x 是生产体系的最大值，也是对资源利用强度的最大值。可持续草地畜牧业生产体系就是在这个"信封"内寻求最佳位置的过程。如果可持续草地畜牧业生产是经济效益和生态效益的最佳组合的话，可持续生产体系的最佳状态就存在于这个"信封"中某一点位上。最佳状态是可持续草地畜牧业生产体系的管理目标，但管理的首要目标是保证生产体系的现实位置处在"信封"当中，这是实现可持续、到达最佳位置的前提。

要保证生产体系的现实位置处在"信封"之中，主要的手段就是家畜生产的管理，包括放牧管理及载畜量的确定。家畜的管理与载畜量的互作确定了生产体系的现实位置，现实位置的衡量标准就是生态系统各项生态指标的表现。

例如，y 轴表示某一草地类型的植物生物量，用高、低两点表示，在可持续草地生态系统中，生物量应该处在高、低两点之间。由于植物的生物量还不能说明草地的质量，所以，假如以 x 轴表示草地关键植物种的含量（豆科植物），也用高、低两点表示，那么同样可以形成一个"信封"区域，这个"信封"就是该草地系统的可持续草地管理目标（图 4-2）。

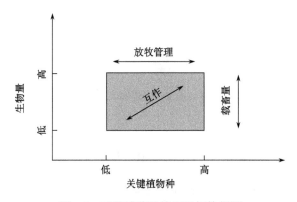

图 4-2 可持续草地管理目标构架图

根据可持续发展的概念，可持续草地畜牧业生产体系不仅包含经济属性和生态属性，同时还应包括社会属性，因此，如果"信封"是一个平面，那么当在可持续性的内涵当中考虑社会因素时，可持续性的"信封"就变成了"信箱"，成了三维区域。可持续草地畜牧业生产体系是在一个时间段的一个三维空间"信箱"中寻求最佳位置的过程，寻求最佳位置的过程是一个时间概念，也就是说，在不同的时间段，最佳的位置点会发生变化。这是因为，在特定的时间点，可持续性的内涵不同，社会和公众对可持续性内涵的要求和期望也在发生变化，因此可持续性是方向，不是具体技术的措施。可持续性是在变化中寻求最佳位置的动态过程，是永不停顿的渐进发展过程。所以，三维"信箱"应该加上"时间"概念，从而使可持续的概念成为四维空间的概念，如图 4-3 所示。只有用四维空间概念才能更好地说明草地畜牧业生产体系的可持续性。在这个四维概念中，时间说明了可持续概念的动态发展特性，每一个阶段其可持续性的内涵都会有所不同，在"信箱"内所包含的内容也有所不同。当前，草原的退化所引起的环境问题日益严重，沙尘暴对人们生活的影响是最直接的，而且不断加重，同时也造成土壤的水土流失、风蚀严重。所以，在我国的大部分草原地区，保护植被、增加植被覆盖度、减少水土流失和土壤风蚀是目前最迫切的生态问题，否则，生态环境就有可能出现不可逆转的后果。因此，这也是可持续草地畜牧业应该解决和关注的问题。

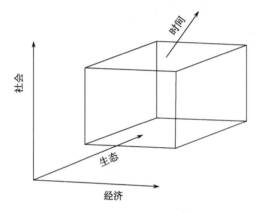

图 4-3　可持续概念的四维空间理论图示

4.3　Jones 和 Sandland 草地畜牧业模型

4.3.1　Jones 和 Sandland 草地畜牧业模型的理论要点

Jones 和 Sandland 在 20 世纪 70 年代提出了草地畜牧业理论模型，它揭示了几个关系：①家畜生产效益和草地载畜量的关系，②家畜生产效益和草地资源的关系，③单位家畜生产水平和载畜量的关系。由于全球气候变暖，温室气体排放成为全世界所关注的环境问题，反刍家畜甲烷排放是温室气体的重要组成和贡献者。因此，该理论模型还揭示了甲烷气体排放与家畜生产效率的关系。在探讨可持续草地畜牧业生产体系之前，有必要深入了解 Jones 和 Sandland 草地畜牧业模型的理论含义和生态学含义。

Jones 和 Sandland 模型图（图 4-4）说明了该模型的理论核心。这个模型假设草地畜牧业生产体系不仅注重家畜生产体系的生产水平，同时注重草地健康和草地资源的可持续利用。那么，当用载畜量、单位家畜生产水平、单位草地资源效益等指标来说明草地生产体系的生产效率时，三者的关系不是直线关系而是抛物线关系。

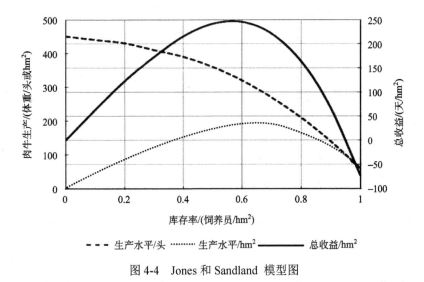

图 4-4　Jones 和 Sandland 模型图

当模型只考虑载畜量和单位家畜生产水平两个指标，二者的关系是简单的直线关系。用虚线表示。然而，载畜量和单位草地资源效益（元/亩）却是抛物线关系，而不是直线关系。说明特定的生态系统其生产水平是有一个限度的。因此，在特定的草地生态系统内，家畜生产效益可以出现在抛物线上的任何一点，但最佳点只有一个，即抛物线的顶点，也是理论最佳点。最佳点也是草地生态系统处在最佳状态或健康水平时所能达到的最高生产水平。除非草地生态系统处在最健康水平，且家畜管理水平为最理想状况，否则，生产体系的任意效益点都处在顶点的左或右，而不会处在顶点。抛物线上的任意一点在对应的另一侧都存在另外一点，在这两个对应的点所产生的效益相同，不同的是载畜量水平。

草地畜牧业生产体系效益由单位家畜生产水平和草地健康水平两个因素决定，只有当草地生态系统健康、单位家畜生产水平高的情况下，生产体系的整体效益才能高。而保证草地生态系统健康水平的关键是控制载畜量。

只有家畜个体生产水平提高，生产效率改善，单位反刍家畜所排放的甲烷量才能显著下降。

4.3.2　应用 Jones 和 Sandland 模型对中国草地畜牧业现状分析

如果用 Jones 和 Sandland 模型所揭示的理论对我国草地畜牧业现状进行分析，可以发现如下问题：

1）我国草地畜牧业的经济效益不高，草地超载过牧严重，经济效益逐渐下降，草原生态系统的可持续性正在受到极大挑战。如果不能恢复和保护草原生态系统的健康，草地畜牧业生产还将继续下降，生态恶化程度还将加剧，最终可能达到不可逆的程度。例如，载畜量的加大造成草地单位资源量效益的下降，当载畜量上升到极大水平时，草地单位资源效益趋向零。在北方地区这就意味着草地的荒漠化和沙化。

2）单纯追求家畜数量，扩大养殖规模，不但不能提高家畜生产体系的经济效益和产出水平，还将破坏草地生态系统的健康水平，引起严重的环境问题。目前我国大部分草原地区的载畜量严重超载，平均达到40%，有些地区的超载水平达到了150%。

3）家畜生产体系生产效率的下降，标志着家畜个体生产水平的下降，造成家畜甲烷排放相对量和绝对量的提高，且反刍家畜甲烷排放量与家畜的生产效率有关。

了解了 Jones 和 Sandland 草地畜牧业理论，针对我国草地畜牧业所面临的问题及挑战，可以提出我国草地畜牧业要实现可持续发展的几点思路和亟待解决的问题。

1）如图 4-5 所示，降低家畜载畜量不一定降低生产效益，在模型中任意效益点都存在两个对应点；一个是高载畜量水平下的效益点（A），另一个是低载畜量效益点（B）。从理论上讲，在现有草地畜牧业生产体系内存在高载畜量和低载畜

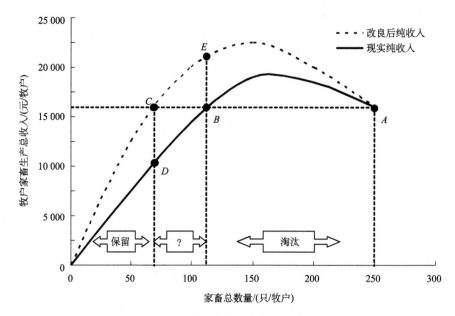

图 4-5 草地畜牧业生产体系模型

量两个对应的效益点，所以可以在保持家畜生产体系总体效益不变、保证农牧民经济收入不变的前提下，降低草地载畜量水平，实现从 A 点到 B 点的转化。根据我国人口众多、资源有限的国情，通过对家畜和草地的科学管理，可大幅度降低目前过高的载畜量水平，而且还能维持现有家畜生产体系的总体效益不变，保持农牧民的经济收入，这无疑是实现我国草地畜牧业可持续发展的第一步。

2）提高草地畜牧业生产体系效益，不能只通过增加家畜养殖量或扩大规模来实现，而且还要通过提高家畜个体生产水平来实现。如图 4-5 所示的模型显示，在低载畜量水平的效益点（B）所对应的家畜个体生产水平是高载畜量水平效益点（A）的近 2 倍。因此，要实现草地畜牧业的可持续发展，不但要提高草地的科学管理水平，还要抓好家畜改良和家畜生产技术的实施，同时家畜生产管理和市场营销也是关键。

3）Jones 和 Sandland 理论指出，草地畜牧业生产体系不仅有经济属性而且还有生态属性，要提高家畜生产的效率就必须提高草原和草地生态系统的健康水平。只有这样才能实现草地畜牧业的可持续性。不能从增加家畜数量和扩大规模上追求草地生产系统的效益，而应该通过提高草地资源利用效率，实现草地畜牧业的可持续发展和单位资源量的经济效益。草地资源的经济效益不仅表现在家畜生产上，而且表现在草地生态环境的各项指标上。草地的可持续性提高，意味着生态环境的改善，其中包含诸多的生态效益指标，这在前几章里已有论述，在此不再重述。

4）随着全世界对气候变暖、温室气体排放问题的日益关注，我国温室气体的排放量也将受到极大的限制。因此，提高草地资源的利用率，改善个体家畜的生产水平是控制温室气体排放的有效途径，这将为我国总体减少和控制温室气体排放做出贡献。

4.4　以草定畜及草畜平衡理论与实践

我国草原 90% 出现不同程度的退化。除了气候因素、社会因素和政策因素以外，超载过牧、单纯追求短期生产效益是造成草原退化的主要原因。因此，要实现草地畜牧业的可持续性，恢复已经不同程度退化了的草原，保护环境，首先要解决的就是超载过牧问题。

降低载畜量、减少家畜数量是解决草原退化的第一步。但要解决这个问题又涉及牧民的生计等诸多问题。如何解决好这个矛盾是草地畜牧业可持续发展所面临的挑战。Jones 和 Sandland 理论揭示，在不降低家畜生产体系效益和农牧民收入的前提下，通过家畜生产和草地管理等技术支持实现降低载畜量的目标。降低载畜量的第一步就是要以草定畜，实现草畜平衡。

　　什么是"以草定畜，草畜平衡"？简单地讲，就是根据饲草资源状况确定家畜生产。因此，评定饲草资源状况、确定家畜生产是草畜平衡理论需要回答和解决的两个关键问题。草地的饲草生产受草地生态系统所有因素的影响，特别是受饲草类型、生长期、年份、地域等因素的影响更显著。所以，要评定饲草的状况，就要考虑这些主要的生态因素。

　　家畜生产包括家畜类型、家畜数量、家畜群体结构、家畜生产方式、家畜生产的市场目标等因素。确定家畜生产就必须了解这几个方面的因素，这个问题牵扯畜牧科学和草地科学的一些知识点，在本节我们首先介绍几个相关的知识点。

4.4.1　基本概念

　　载畜量（carry capacity）：是指在一定放牧时期内，一定草原面积上，在不影响草原生产力及保证家畜正常生长发育时所能容纳放牧家畜的理论数量。

　　放牧率（stocking rate）：是指特定时期内一定草地面积上实际放牧的家畜数量。

　　消化率（digestibility）：采食饲料被消化吸收部分与饲料采食量的比例。可消化营养物质占食入营养物质的比例称为消化率。

　　代谢能（metabolic energy, ME）：摄入单位饲料的总能与由粪、尿及其他排泄物排出的能量之差。

　　干物质采食量（dry matter intake, DMI）是动物在特定的时间（通常是一天）内自由采食干物质的量。干物质通常包括有机物，如粗蛋白、粗纤维、粗脂肪和无机物粗灰分，DMI 表示方法有质量表示法，如 g/天或 kg/天。

4.4.2　草畜平衡理论

　　目前，对草畜平衡的界定仍然十分模糊，国外也没有专业词汇描述草畜平衡。早在 20 世纪 70 年代末，在我国相关研究论文中就已经出现了草畜平衡的论断，且季节性草畜不平衡成为关注的焦点。一般来讲，草畜平衡是指在一定区域和时间内，由草地和其他途径提供的饲草料总量与家畜需求总量保持动态平衡。草畜平衡是要了解草与畜的关系，要定量研究草地生产和家畜生产的关系；确定草畜平衡条件下的草地健康指标、家畜生产指标。草畜平衡不是饲草料量和家畜需求量的简单平衡，而是具有一定质量的饲草料和一定类型家畜需要量之间的平衡，在保持草地饲草生产量和家畜生产需求量平衡的同时，还需要保证草地一定的生物学健康指标，包括牧草组成、植被盖度等。

　　草畜平衡不仅是地域概念上的平衡，同时还是时间概念上的平衡。因为，不同的草原类型，不同的地域分布，草地的生产量和生产水平是有变化的。同时，在不同月份、不同季节，草地的生产水平也在发生变化。甚至在不同的年份由于受气候等因素的影响，草地生产水平同样会发生变化。因此，草畜平衡是动态的平衡，是多维空间的平衡。我们提出草畜平衡有3个层次，第1层次是草原产草量和家畜干物质采食量需求的平衡，第2层次是既满足家畜需求又保证草地生物多样性良性演替的草畜平衡，第3层次是保证草地生态系统可持续发展的草畜平衡。第1层次的草畜平衡是最简单的干物质平衡，即草地提供的、可供家畜采食的饲草干物质量（可食牧草）与家畜干物质采食需要量保持平衡。这也是狭义的草畜平衡概念的内涵，也就是草地产出保证家畜吃饱。但是吃饱不等同于吃好。因此我们要考虑到能量的问题。以天然草地为例，代谢能是目前评价放牧状态下能量平衡的最佳指标，因为代谢能提供量或饲草代谢能浓度（MJ/kg）与干物质消化率的回归关系稳定，而净能由于热增耗无法准确测定。草地生态系统较为复杂，是气候、土壤、植被、动物等相互耦合的系统，承载重要的生态功能，我们不能片面地追求最大化生产效益而忽略了草地的其他功能。取半留半是我国放牧管理中常用的理念。后文中，我们利用模型研究方法，结合放牧生产实践。对这3个层次展开讨论。

1）第1层次，草畜平衡就是保证家畜干物质需求量与草地干物质供给量之间的平衡。

$$C = \frac{G\left(\mathrm{kg\ DM/hm^2}\right) \times U}{SR\left(\mathrm{AU/hm^2}\right) \times Day} \tag{4-1}$$

上式是由一般放牧率（SR）的计算公式衍化而来，式中，C 是单位家畜日饲草消耗率；AU 是单位家畜；Day 是放牧时间；G 是草地干物质现存量；U 是草地利用率。不难看出，第1层次的平衡其实就是计算出的单位家畜日饲草消耗率与单位家畜日采食量之间的平衡。这里必须要指出的是，上式仅是为了方便读者理解概念的内涵而简化的公式。现实情况下的复杂程度远高于此。如果先不考虑家畜采食，草地干物质现存量 G 就是生长量和自然损失量的动态平衡。

要达到草畜平衡，首先要了解草地的植物生长和草地的饲草供给量，这是草畜平衡的第一步。

$$G_j^t = G_j^{t-1} + g_j^t - I_j^{t-1} - GW\left(G_j^t\right) \tag{4-2}$$

式中，G 是家畜可利用的草地干物质现存量；g 是特定时间段（$t-1$ 到 t）内家畜可利用草地（或者喜食牧草或者可食牧草）干物质生长量；I 是家畜的总干物质采食量；GW 是饲草干物质损失量（自然分解和采食浪费等）；t 为特定时间（日，月，年等）；j 是所研究的草地。

显然，GW 在不同地区和不同时间可能会有变化，这要根据实际情况进行设定。

以上谈到的现存量，均为家畜可食的草地生物量，即毒杂草并不在上述考虑的范畴内。但是天然草地毒杂草贡献的生物量不可忽略，尤其是在退化草地。以我国青藏高原高寒草甸为例，毒杂草由于其生育时期的特殊性，其生物量比例是动态变化的。

其次，草地利用率的问题。即有多少可食牧草能够被家畜利用。有学者认为草地管理的核心是草地利用率管理。可食牧草的年产量不能 100% 地被家畜利用，牧草需要一定量的地上部分来完成光合作用。

放牧条件下，确定家畜日粮采食的组分及采食量是放牧家畜营养研究的难点，也是放牧采食量模型模拟的挑战。自由放牧下，影响反刍动物采食量的因素有很多。采食量的控制也是多因子式的。在前人大量的工作基础上，不少学者已经对影响和调控采食量的因素做了相关综述。现行的自由采食量测定方法较多，各方法都有优缺点。采食量也可通过模型模拟进行研究，在这里，我们采用澳大利亚反刍动物营养标准中的放牧采食量公式来进行说明。CSIRO 标准有专门开发的采食量预测模型，因此在模拟放牧家畜营养代谢方面 CSIRO 标准有其他主流营养标准无法比拟的优势。

第二步，确定放牧采食量。

在 Stage one 模型中，草地被分为喜食牧草与不喜食牧草两个功能组，每个功能组分别依据如下公式计算干物质采食量（DMI），具体计算公式为

$$DMI = PI \times PU \times RI_{DMD} \times RI_{DMA} \tag{4-3}$$

式中，PI（potential intake）表示最大采食量，即干物质消化率 80% 以上时的理论采食量；PU（potential intake unsatisfied）表示最大采食剩余量，模型默认家畜优先选择补饲，最大采食量扣除补饲干物质采食量后余下的未被满足的采食量占最大采食量的比例即为 PU。由于模拟区域不补饲或者少补饲，因此本实验内 PU 默认为 1。RI_{DMD} 及 RI_{DMA} 分别表示干物质消化率及草地干物质供应量对采食量的抑制作用。

$$RI_{DMD} = \frac{104.7 \times (0.0795 \times DMD_i - 0.0014) + 0.307 \times LW - 15}{104.7 \times (0.0795 \times 80 - 0.0014) + 0.307 \times LW - 15} \tag{4-4}$$

式中，DMD_i 表示放牧草场家畜喜食或非喜食牧草的平均干物质消化率；LW 表示家畜活体重。

$$RI_{DMA} = 1 - e^{-2H_i} \tag{4-5}$$

根据 CSIRO 标准，不同生理类群欧拉型藏羊的最大采食量计算公式分别如下。

干奶羊和羯羊最大采食量（potential intake，PI）的公式为

$$PI = 0.04 \times SRW \times RS \times (1.7 - RS) \times CF \tag{4-6}$$

式中，SRW 为标准参考体重；RS（relative size）是家畜标准体重（normal weight，

NW）和 *SRW* 的比值；*CF* 是欧拉羊的体况指数（condition factor），计算公式为

$$CF = RC \times (1.5 - RC) / 0.5 \tag{4-7}$$

式中，*RC*（relative condition）是欧拉羊活重（liveweight，LW）与标准体重（NW）的比值。如果 $RC > 1.0$，说明家畜膘情好，利用上式计算 *CF*，反之，$CF = 1$。

在 Stage one 模型中，开发者对干奶羊和羯羊最大采食量的公式做了相应简化：默认 $RS = 1$（成年欧拉羊），$CF = 1$（表明欧拉羊膘情均处于中下水平）。因此，对于成年家畜最大采食量公式简化为

$$PI = 0.04 \times SRW \times 0.7 \tag{4-8}$$

泌乳羊最大采食量的计算公式为

$$\text{泌乳羊最大采食量} = \text{干奶羊最大采食量} \times \text{泌乳系数} \tag{4-9}$$

泌乳系数（lactating multiplier，*m*）是用于计算泌乳家畜最大采食量的系数。在 Stage one 模型中，其计算公式为

$$m = 1 + 0.66 M^{1.4} \exp\left[1.4(1-M)\right] L \tag{4-10}$$

式中，$M = T/28$，*T* 表示泌乳天数（出生为第 1 天，以此类推），28 表示最大采食量的泌乳天数；$L = 0.5 + 0.5 \times RC_b$，式中，$RC_b$ 为产羔时母畜的 *RC* 值。在该模型中，默认母羊产羔时 $RC = 1$，即膘情指数为中下。

羔羊的最大采食量公式为

$$PI = 0.04 \times SRW \times RS \times (1.7 - RS) \times CF \tag{4-11}$$

式中，$CF = 1$；$RS = NW/SRW$，*NW* 的计算公式为

$$NW = SRW - (SRW - BW) \times \exp\left(-0.0157 \times T \times SRW^{-0.27}\right) \tag{4-12}$$

式中，*T* 是幼畜年龄（天）；*BW* 是初生重（birth weight）。

如果在补饲后家畜的干物质采食量仍然没有满足其潜在干物质采食量，同时，每一放牧草地的饲草类型均分为喜食牧草和次喜食牧草，此时，假设家畜最先采食喜食牧草，然后再采食次喜食牧草，那么，喜食牧草采食量和次喜食牧草采食量就应该分别用两个数学方程表示。

上述内容，分别从草地供应、家畜采食等方面阐述了草畜平衡的第 1 层次。不难看出第 1 层次的草畜平衡在天然放牧状态下是动态的，也是复杂的。而草地管理的主要难点就是通过研究，认清草地管理中的关键环节，通过放牧管理，来确保草地长期可持续利用，简而言之就是"以草定畜"。

2）第 2 层次，放牧状态下的代谢能平衡。前文提到，代谢能是评价放牧状态下家畜营养需求的最佳能级指标，我们再次利用 CSIRO 标准来阐明能量级别的草畜平衡。

当补饲料、喜食牧草和次喜食牧草的家畜干物质采食量计算后，再分别转化

成代谢能，转化方式如下：

$$M/D = \begin{cases} 17.2DMD_f - 1.71 & \text{饲草} \\ 13.3DMD_s + 23.4EE_s + 1.32 & \text{精料} \\ 17.0DMD_h - 2.0 & \text{放牧} \end{cases} \quad (4\text{-}13)$$

式中，M/D 表示代谢能浓度（单位为 MJ/kg DM）；DMD_f、DMD_s、DMD_h 分别代表饲草、精饲料和放牧草地的消化率（%）；EE_s 表示精饲料的粗脂肪含量（%）。

放牧状态下代谢能摄入量（MEI）的计算公式为

$$MEI = DMI \times (0.17 \times DMD_h - 2) \quad (4\text{-}14)$$

式中，DMI 为干物质采食量（单位为 kg DM/天）。

用此公式分别计算补饲料、喜食牧草和次喜食牧草的代谢能，然后分别将所得到的代谢能乘以 30 天就得到了在 j 草场所有家畜的总采食量。该总采食量可被用来计算下个月该草场饲草的现实供给量，计算公式为（4-1）。

第三步，计算家畜代谢能需要量。

计算不同生理阶段的家畜能量需要量是草畜平衡的重要一部分。不能只用家畜活体重来估算家畜干物质采食量，因为不同类型的家畜在不同生理阶段其能量需要是不相同的。另外，饲草干物质量只表明饲草的干物质含量，而不能表明其质量，不同时期的饲草其消化率不同，可被家畜利用的效率也不同。

要达到草畜平衡，就必须使家畜所采食饲料的代谢能与家畜代谢能需要相平衡。假设家畜代谢能需要是维持体重的代谢能需要，那么：

$$ME = ME_{\text{base}} + ME_{\text{graze}} + ME_{\text{cold}} + ME_{\text{preg}} + ME_{\text{lact}} \quad (4\text{-}15)$$

式中，ME 是家畜总代谢能需要；ME_{base} 是家畜基础代谢能需要；ME_{graze} 是家畜放牧行走所需要的额外的代谢能；ME_{cold} 是家畜放牧时克服寒冷天气所需要的代谢能；ME_{preg} 是家畜在怀孕期的代谢能需要；ME_{lact} 是家畜在泌乳期的代谢能需要。

各种代谢能是不同家畜、不同生理阶段家畜的代谢能需要，在具体计算家畜的代谢能需要时，要根据不同情况对不同代谢能进行相应取舍。

在放牧状态下，维持代谢能 $ME_m = ME_{\text{base}} + ME_{\text{graze}} + ME_{\text{cold}}$，式中，$ME_{\text{base}}$ 为家畜在静止且无温度应激状态下，无额外生产消耗时，代谢能的维持需要量；ME_{graze} 为家畜的放牧代谢消耗；ME_{cold} 为气温低于热中性下限温度时额外消耗的能量。前人研究中，仅将 ME_{base} 当作 ME_m，而未将 ME_{graze} 和 ME_{cold} 纳入维持代谢范围。本节按照澳大利亚反刍动物营养标准，在放牧状态下将 ME_{graze} 和 ME_{cold} 纳入维持代谢范围内。计算公式如下：

$$ME_m = K \times S \times M \times [0.26W^{0.75}\exp(-0.03 \times A)] / k_m + 0.09 \times MEI + ME_{\text{graze}} + ME_{\text{cold}}$$

$$(4\text{-}16)$$

式中，$K = 1.0$；母羊或羯羊的 $S = 1.0$，公羊的 $S = 1.15$；$M = 1+(0.23×$母乳供能/日能量摄入$)$。由于放牧状态下确定仔畜的母乳消耗量十分困难，因此 Stage one 模型中，M 统一取值 1。A 为家畜年龄，在 Stage one 模型中畜群结构划分相对简单，成年家畜的 A 值统一简化为 4，即将所有母羊和羯羊的年龄确定为 4 龄，羔羊则按照产羔时间进行换算。

$$ME_{base} = K×S×M×[0.26W^{0.75}\exp(-0.03×A)] / k_m + 0.09×MEI \qquad (4\text{-}17)$$

$$k_m = (0.02M / D + 0.5)×PS + 0.85×(1 - PS) \qquad (4\text{-}18)$$

式中，k_m 为代谢能用于维持的效率；M/D 为代谢能浓度；PS 为家畜日粮中非母乳成分所占比例，在 Stage one 中 PS 默认为 1。

$$ME_{graze} = [0.02×DMI×(0.9 - DMD_h / 100) + 0.0026×H]×LW / k_m \qquad (4\text{-}19)$$

式中，DMI 为家畜采食量；DMD_h 为放牧草地的消化率；LW 为家畜平均活重；k_m 为代谢能用于维持的效率；H 表示家畜运动水平的折算距离（horizontal equivalent of the distance walked，km），其计算如下：

$$H(km) = T×\left[\frac{\min(1, 40 / SR)}{0.057GF + 0.16}\right] \qquad (4\text{-}20)$$

式中，T 根据地势变化（平地到坡地），数值在 1～2 波动，Stage one 模型中，为了计算方便，T 值全部简化为 1；SR 为放牧率或单位面积的羊只数量；GF 为单位面积草地的牧草干物质量。

$$ME_{cold} = \max[0, 0.09×LW^{0.66}×(T_{lc} - T_{air}) / (I_t + I_e)] \qquad (4\text{-}21)$$

式中，LW 为家畜平均活体重；T_{air} 为月平均气温；I_t 为组织绝热系数（tissue insulation）（单位为 ℃·m²·天/MJ），数值为 1.3；I_e 为外部绝热系数（external insulation）（单位为 ℃·m²·天/MJ）；T_{lc} 为热中性下限温度（lower limitation of thermoneutral temperature）（℃）。I_t+I_e 用如下公式计算：

$$I_t + I_e = I_t + [0.7 + 0.3×(1 - e^{-0.15×R} / F)]×I_e \qquad (4\text{-}22)$$

式中，R 为平均降雨量；F 为家畜毛被厚度。

$$I_e = [r / (r + F)][1 / (0.481 + 0.326v^{0.5})] + r \ln[(r + F) / r](0.141 - 0.017v^{0.5}) \qquad (4\text{-}23)$$

式中，r 为家畜体半径（radius of the animal），用下式计算；v 为风速；F 为毛被厚度。

$$r = 41×LW^{0.33} \qquad (4\text{-}24)$$

$$T_{lc} = 39 - HP×I_t - (HP - 1.3)×I_e \qquad (4\text{-}25)$$

式中，HP 是家畜单位面积产热量，计算公式如下：

$$HP = \frac{\min\left(MEI, ME_{\text{bsee}} + ME_{\text{graze}}\right) + 0.38 \times W_c}{0.09 \times LW^{0.66}} \tag{4-26}$$

式中，MEI 为家畜代谢能日摄入量；W_c 为胚胎重量，计算公式如下：

$$W_c = \left(W_{\text{birth}} / 4\right) \times \mathrm{e}^{\left[5.17 - 8.38 \times \exp(-0.006\,43 \times DOC)\right]} \tag{4-27}$$

式中，DOC 为怀孕天数（第 1 天为 1，以此类推），W_{birth} 为初生重。

妊娠代谢能需求量（ME_{preg}）计算公式如下：

$$ME_{\text{preg}} = \frac{\left(7.64 \times 0.006\,43 \times \mathrm{e}^{-0.006\,43 \times DOC}\right) \times \left[\left(W_{\text{birth}} / 4\right) \times \mathrm{e}^{\left[7.64 - 11.46 \times \exp(-0.006\,43 \times DOC)\right]}\right]}{0.133}$$
$$\tag{4-28}$$

式中，DOC 为怀孕天数；W_{birth} 为初生重，在 Stage one 模型中统一定为 5；0.133 为代谢能用于妊娠的效率系数。

泌乳代谢能（ME_{lact}）为家畜最大产奶代谢能需要量（ME_{lactmax}）和幼畜母乳消耗代谢能（ME_{lact1}）中的较小值。泌乳代谢能需要量的计算公式如下：

$$ME_{\text{lact}} = \min\left(\begin{array}{l} 0.389 \times SRW^{0.75} \times BC_{\text{birth}} \times T_1 \times \exp(1 - T_1) / 0.94 \times k_1, \\ 1 \times 4.7 \times LW_1^{0.75} \times \left[0.3 + 0.41 \times \exp(-0.071 \times DOL)\right] / 0.94 \times k_1 \end{array}\right)$$
$$\tag{4-29}$$

式中，BC_{birth} 为母畜产仔后的相对体况指数（relative body condition），是 LW 和 SRW 的比值，在 Stage one 模型中统一设定为 1；T_1 为泌乳时间（单位为月）；LW_1 为羔羊活体重；k_1 为代谢能用于泌乳的系数。

$$T_1 = DOL + 2 / 22 \tag{4-30}$$
$$k_1 = 0.4 + 0.02 \times M / D \tag{4-31}$$

式中，DOL（day on lactation）为泌乳天数，在 Stage one 模型中计算公式如下，

$$DOL = 泌乳期 \times 30 - 15 \tag{4-32}$$

式中，泌乳月份的数值为 0~6。

能量平衡其实是草畜平衡的实质。但无论用何种能量标准，都要比单纯用干物质采食量计算草畜平衡正确得多，干物质量没有说明饲草的品质，更不能说明家畜营养的满足情况。

当我们知道了家畜的能量需要和家畜的采食量以后，采食的能量与能量需要之差就说明了草畜平衡状况。如果家畜采食的饲草代谢能小于家畜对代谢能需要时，就说明草畜不平衡；此时，家畜就会损失体重，体况就会下降；这是冬季常见的情况。在大部分草原地区，由于冬季寒冷，草地饲草存量和饲草质量都显著下降，同时家畜的补饲水平低，此时由于草畜不平衡或能量负平衡，家畜的体况

下降严重，造成死亡率上升，母羊繁殖率、羔羊成活率、出栏率下降，经济损失明显。同时，由于草畜不平衡或能量不平衡使家畜对草地的利用过度，即过牧超载严重，造成草地退化、环境恶化的恶性循环。

草畜平衡理论从家畜能量需要和家畜采食饲草能量之间的平衡出发，既考虑草地饲草生产的时间性，又考虑饲草的品质；既考虑了饲草组成和土地盖度等生态因素，又考虑了气温、风速等气候因素，全面综合了草地畜牧业生产体系和草地生态系统内的各类因素，它包括了畜牧学、草原学的许多知识点，把家畜生产和草地生产相结合，把生态和生产相结合，较为简单地揭示了草地畜牧业可持续发展的关键。

有关草畜平衡或能量平衡的实践应用，在本章中将单独讨论。

第四步，家畜日增重预测。

各类家畜的能量需要在不同的生理阶段是不同的，如果知道了家畜不同生理阶段的能量需要，就可以预测家畜的日增重情况，这对于现代家畜生产尤为重要。因为，现代畜牧业是面对市场的生产活动，其产品规格、产品品质都有严格的要求，家畜产品的上市时间也有限制，为实现更高的产品价值，必须按照市场的要求进行生产。那么，设立家畜日增重目标，有目的地进行家畜生产育肥具有很重要的经济意义。

摄入的代谢能扣除以上所有消耗后，可以求出家畜特定月份的平均能量平衡状况（$ME_{balance} = ME_{intake} - ME_m - ME_{preg} - ME_{lact}$），正平衡则表明有剩余能量，家畜可以用于增重；如果是负平衡，则表明需要家畜消耗体重，以维持以上能量消耗。家畜活体重变化（LWC）则由以下公式计算：

$$LWC = 1000 \times ME_{balance} \times k_g / EVG \tag{4-33}$$

式中，k_g 为代谢能用于增重的效率，用下面公式计算：

$$k_g = 0.043 \times M / D \tag{4-34}$$

EVG（empty body gain）为增加单位空腹体重需要的能量，对于成年家畜而言，公式相对简单，如下：

$$EVG = 0.92 \times (13.2 + 13.8 \times RC) \tag{4-35}$$

式中，RC 为活体重与标准体重的比值。幼畜的 EVG 计算公式如下：

$$EVG = 0.92 \times \left[6.7 + 1 \times FL + \frac{20.3 - 1 \times FL}{1 + \exp(-6 \times (RS - 0.4))} \right] \tag{4-36}$$

式中，RS 为 NW 和 SRW 的比值；FL 为家畜饲养水平，计算公式如下：

$$FL = \frac{ME_{intake}}{ME_m} - 2 \tag{4-37}$$

　　显而易见，无论是成年家畜还是子畜，其日增重主要取决于 $ME_{balance}$，即家畜能量需要与家畜采食的饲料所含能量之间的平衡。如果 $ME_{balance}$ 为零，说明采食能量只能保证家畜的维持需要，此时日增重为零。如果 $ME_{balance}$ 为正值，家畜采食饲料所获得的能量大于家畜维持所需要的能量，此时家畜就增重。如果 $ME_{balance}$ 为负值，说明家畜采食的能量不能满足家畜维持所需要的能量，此时家畜体况下降，体重减少。在草原地区和放牧性家畜生产过程中，由于冬季和春季草场饲草供给量有限，此时如果没有足够的能量补饲，家畜就会动用体内的储存来维持生命，从而导致体重的下降和其他生产性能的下降。如果饲草料供应不能改善或持续恶化，家畜就会因能量负平衡而出现营养性疾病甚至死亡。这种现象就是我国草原地区家畜生产通常所说的"夏活、秋肥、冬瘦、春乏"的现象。

　　另外，饲料平均消化率也是影响日增重的一个重要指标。它不仅直接影响日增重，而且影响家畜的能量平衡。一般来讲，当饲料消化率低于 65% 时，泌乳期家畜就不能从所采食饲草中获得足够能量来维持其正常的生产性能，体况和体重就会下降。其他生理状态下的家畜，当牧草消化率降至 55% 时就不能维持正常生产性能，体况和体重开始下降。通常情况下，饲草消化率随牧草生长期变化而发生改变，生长初期的牧草消化率可达到 80% 以上，而在晚秋和冬季，牧草枯黄，其消化率低于 55%。牧草消化率变化趋势见图 4-6 牧草生长期和消化率的关系。在我国，北方大部分地区 10 月左右牧草完全枯黄，此时的牧草消化率一般仅为 60% 左右，甚至更低。在此条件下放牧，家畜所采食饲草的代谢能只能满足其维持需要，此时日增重停止，体况下降。从能量角度也许更容易解释我国放牧家畜"夏活、秋肥、冬瘦、春乏"的现象。其实背后的原因不是干物质量不够，而是饲草质量的季节性变化。已有研究表明，青藏高原高寒草甸放牧生产体系下，无论放牧率水平达到或者小于理论载畜量，家畜在冬春草场均会减重，并推论相对于放牧率，冬春季低温可能对家畜生产的影响更大。但从能量平衡角度出发，该现象的原因可用"摄入低、需求高"概括。成年藏羊的最大采食量为 2.1kg（SRW 以 75kg 计算），可视为干物质采食量的上限，由于 M/D 水平低，或消化率低，最大采食量获得的代谢能也无法满足家畜的需要，因此表现为减重，即由于瘤胃容积的限制，冬春季家畜掉膘是必然的。所以，秋季牧草消化率开始下降，家畜日增重也逐渐下降；如果没有补饲，日增重将停止，甚至体重下降（负增长）。因此，到秋季在家畜日增重下降之前，应该尽快出栏家畜，保证最佳的经济效益。

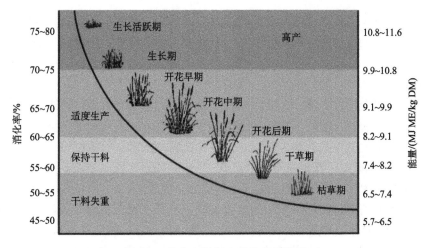

图 4-6 牧草生长期和消化率的关系

3）第 3 层次是草地生态系统可持续发展的草畜平衡。草地可持续发展是现今研究和探讨的热点。上文提到草畜平衡是我国草地畜牧业发展的核心问题，如若我们实现了 3 个层次的草畜平衡，我们就实现了可持续草地畜牧业生产吗？这里有必要再次强调可持续发展的内涵。有关可持续性文献的报道，通常可以归结为以下 3 种：第一种面向文化问题，第二种面向生计问题，而第三种则是我们通常意义下的环境可持续性，也是农业科学主要的研究范畴，为狭义的可持续发展，即环境可持续。可持续发展是一个包罗万象的概念，因此可持续性的评价，不能一蹴而就或者片面狭隘。这也就是，至今我们仍然无法给出如何可持续发展的具体措施。而发展中经常面对的问题就是文化、生计、环境三者之间的平衡。1984年第十三届中央委员会第三次全体会议召开后，我国天然草地划分给牧民，此后我国牧民逐渐由过去的游牧转变为半游牧，这必然会导致一部分游牧文化的丧失。

本节我们讨论的是草地生态系统可持续发展的草畜平衡，即出发点仍然是草地持续利用。长期的过度放牧对草地的负面作用是肯定的。而轻度或重度放牧对草地生态系统的健康是有利的。而我国目前草地放牧生态方面的研究也着重于确定不同草地类型下适宜的放牧率和载畜量是多少。我国在这一领域已经取得了一定的突破，如张英俊在河北典型草原的放牧试验表明：该地区夏季可持续的放牧率大约为 400SE·天/hm² (4SE/hm² 能够放牧 100 天)，绵羊草地利用率约为 20%，并说明草地现存量基线保持在 0.5t/hm²，有助于草地再生和控制杂草比例。而韩国栋在内蒙古荒漠草原多年的研究表明：该地区可持续的放牧率大约为100SE·天/hm² (4SE·hm² 能够放牧 25 天)，绵羊草地利用率约为 10%。而以上试验，是以地上现存量、家畜体重、草地组成等指标作为评价可持续性的参考，土壤碳汇、草地物种多样性等并没有被考虑。那么他们的研究成果是否有参考价值呢？在这里我们要强调这两个课题组发表的成果，代表了我国在该领域目前所取得的最高成果。前文提到可持续是一个包罗万象的概念，作为研究者，要有的放矢地抓重点，做权衡。那么我们到底如何去做呢？这里我们以一个澳大利亚新南威尔士州高降雨量区的例子作为说明。

新南威尔士州位于澳大利亚东南部，澳大利亚草地畜牧业生产主要分为 4 种生产体系：草原生产体系、作物-家畜混合型生产体系、高降雨量地区肉牛绵羊生产体系和奶牛生产体系。澳大利亚东南台地是典型的高降雨量区域，年均降雨量超过 650mm，澳大利亚北部年降雨超过 750mm 的地区也包括在高降雨量区，高降雨量区是其主要的草地畜牧业生产区域，面积约为 2600 万 hm²，其中新南威尔士州占据 400 万 hm²。利用多年的放牧试验，选择了如下指标作为可持续性评价的参考指标：草地功能组成（豆科牧草 vs.阔叶杂草，一年生禾本科 vs.多年生禾本科）、物种丰富度、草地生产力、土层含水量、土壤径流和侵蚀等。以期设定一个容易理解和推广的基准作为当地草地畜牧业发展的重要指导。最终得出的结论是在该地区，如果想要维持草地生产和生态的可持续性，全年的草地现存量应该达到 2t DM/hm²，这个基线也被推广到澳大利亚东南部地区。

4.4.3 草畜平衡理论在中国北方草地畜牧业中的实践与应用

了解了草畜平衡理论的内涵，就可以利用草畜平衡理论建立指导实践的模型，对特定时间、特定区域、特定生产活动下的家畜生产进行草畜平衡状况的分析预测。同时，加入家畜生产的经济数据，最终建立一个完整的数学模型，通过模型进行草畜平衡的分析预测，根据草畜平衡状况、家畜生产的目标，得出最佳的饲养管理方案和市场经营方案。因此，草畜平衡理论不但揭示了家畜生产和草地生产的关系，而且还可以用于实践进行生产方案的评估、分析和预测，提出优化方案，对家畜的生产实践具有较高的参考和指导作用。

草畜平衡是指在特定生理条件下的家畜所需营养（代谢能）和家畜在特定时间、特定草场放牧所采食获得的饲草营养（代谢能）的平衡。因此，可以用 4.3 节所介绍的公式，建立数学模型对具体家畜活动进行计算分析，获得草畜平衡的情况。

图 4-7 显示了我国北方草原畜牧业地区草畜平衡的典型状况。可以看出，由于家畜数量多、载畜量高，全年的草畜平衡在 5～10 月这段时间处于平衡或充裕外，其余时段都处于负平衡状态。全年有 7 个月时间处在草畜负平衡状态下，家畜放牧不能满足其营养需要，体重和体况下降严重，生产效益差，草场超负荷利用，造成草场严重退化，草场生产力明显下降。

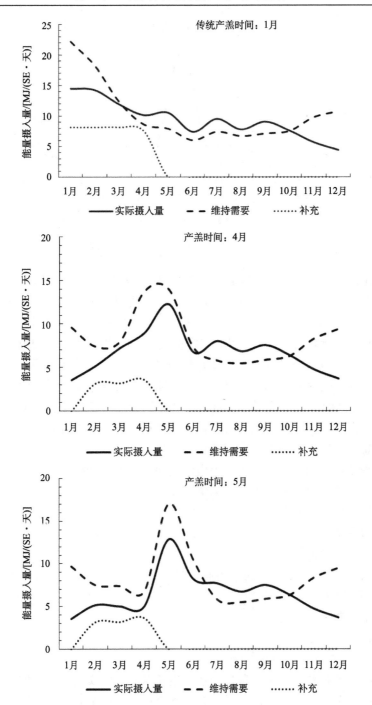

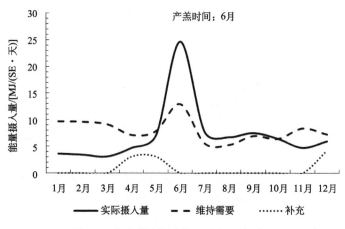

图 4-7　肃南草畜平衡情况分析测定结果

　　目前，解决草畜负平衡现状是实现畜牧业可持续发展、防止草原进一步退化、遏制环境恶化的第一步。从图 4-7 可以看出，应用草畜平衡理论可以从宏观角度明确了解草畜平衡的动态变化，从而实施相对应的家畜和草场管理的技术措施，从而改善草畜平衡，提高家畜效益。从模型展示的结果看，从 10 月开始，草畜负平衡出现，无论任何类型的家畜，此时都停滞增重，体况开始下降。所以，对于商品家畜来讲，此时就是出栏的最佳时期；而对于繁殖家畜来讲，此时就应该开始补饲，以保持体况，改善繁殖性能，提高下次繁育效率和子畜成活率。

　　草畜平衡在时间和空间上都有变化，同时家畜的不同生理阶段对营养或代谢能的需要也是不同的，应用草畜平衡理论可建立针对具体时间、具体草场和特定家畜类型的草畜平衡模型，分析并提出最佳的实施方案和措施。

　　草畜平衡数学模型所需要的数据资料如下，

　　草地数据资料——所分析的特定草场的数据。

　　草场每月资料：

　　草场饲草干物质生长量；

　　喜食牧草和次喜食牧草的平均消化率；

　　草场利用情况（是否放牧）。

　　草场基本数据：

　　面积；

　　喜食牧草与次喜食牧草比例。

　　草场每月的资料数据中，草场干物质生长量要通过实地测定获取。这样的数据针对性强，分析结果准确，但是有时很难获得，此时需要通过访谈和查阅资料获取最准确的估测数据。喜食牧草与次喜食牧草的比例是相对稳定的，一次测定即可利用多年。但是，由于草场利用强度和草场的退化程度不一样，比例也会发生较大的变化，所以，牧草组成需要在一定时间内进行定期测定。

家畜数据资料——所放牧和饲养的各种家畜类型的数据资料，包括家畜生理状况。

每月数据资料：

家畜数量；

典型体重；

补饲料的消化率和数量。

基本数据：

标准参考体重；

家畜管理历。包括：子畜分娩时间、断奶时间、出栏时间等。

家畜数据资料中，不同生理阶段的家畜典型体重是不一样的，需要进行测定。同时不同家畜的典型体重也是不一样的。典型体重不等于平均体重，典型体重是特定家畜在特定生理阶段的体重表现，而不是所有家畜体重的平均。不同家畜的标准参考体重可查阅资料获得。

气候数据。

每月气候数据：

平均气温；

平均降雨；

平均风速。

气候数据需要 30～50 年的数据资料，不能用少数几年的气候数据。

经济数据。

每月资料：

家畜产品价格。

基本数据：

产毛量；

投入价格（补饲饲料、家畜管理和兽医）；

每年基本投入。

经济数据的现实性和实时性对模型分析预测结果的准确性至关重要，经济数据准确其分析预测就更准确有效。

要恢复草原生态，就必须实行以草定畜的方针，实行草畜平衡的家畜生产技术，草畜平衡是实现可持续发展的第一步，也是解决农牧民生计的出路。当然如何解决牧民生计，保证牧民收入水平，保证当地农业经济也是需要考虑的问题。这也将在本章节中讨论。无论采用何种技术和措施，都应该明确：实现草原畜牧业可持续发展的核心，就是实现家畜生产效益的长远期经济效益的最大化。

4.5　精准畜牧业管理理论与实践

　　与传统草地家畜管理理念不同，可持续家畜生产体系内的家畜管理是要促进和提高生产体系的生产效率，促进家畜生产体系其他属性的改善。提高单位草地资源的生产效率，促进草地生态系统和草地资源的可持续利用与发展是可持续草地畜牧业的主要目的。在前一节中我们讨论了草畜平衡理论，目前，我国草地畜牧业存在的主要问题是草畜的不平衡，超载过牧是草地畜牧业所面临的主要问题。如何降低家畜数量、降低载畜量、保护草原生态资源的健康和可持续发展是一个重要的技术问题。我国草地畜牧业生产的技术水平和市场经营水平较低，自给自足的生产依然是主要方式。追求家畜数量，把家畜多少作为富裕的标志和生计安全的保证，以及粗放管理等是目前家畜生产管理的特征。同时，缺乏理论指导和政策引导也是导致家畜数量不断上升、草原和草地生态系统严重退化的重要原因。根据我国国情，通过大规模降低家畜数量来实现草畜平衡是不现实的，它必将影响当地社会经济和农牧民群众的生计，影响草地畜牧业的可持续发展。所以，在目前的现实情况下，需要对草地畜牧业生产体系进行新的研究，理解其特点和存在的问题，探索新技术和新理论，从而实现减少家畜数量，降低载畜量，恢复草原生态系统的健康和可持续发展。

4.5.1　案例分析

　　我国草地畜牧业的生产现状，以甘肃省肃南裕固族自治县为例。

　　图 4-8 和图 4-9 表示两牧户的家畜生产和管理状况。横坐标表示牧户的成年家畜饲养数量（此处为肉羊生产方式），纵坐标表示该农户的累计毛利（cumulative gross margin），即羊群毛利累加之和。每只羊的生产性能都以该只羊所产生的毛利润表示，每一只羊的收购价格不一样，每只羊收购价格扣除其饲养成本（补饲、防疫等可变成本）即为每只羊的毛利润，将每只羊毛利润由高到低排列，并逐个累加得到牧户经济收入曲线（图4-10）。在曲线上，牧户实际经济收入为 A，此时的家畜数量为 270 只。而与之相对应的一个点 B 其经济水平等于实际水平 A，但是，B 点的家畜数量仅为 170 只。那么，这就意味着当牧户的羊群体达到 170 只水平时，该牧户就有可能获得与 270 只羊相同的经济收入。另外 100 只羊并没有对整体经济效益有所贡献，而是"亏损者"（饲养成本大于收购价格），这些羊消耗了资源。在这个案例中，假如要维持该牧户的经济收入水平 A 不变，那么该牧户只需要饲养 170 只羊，这就意味着减少了 37% 的家畜。

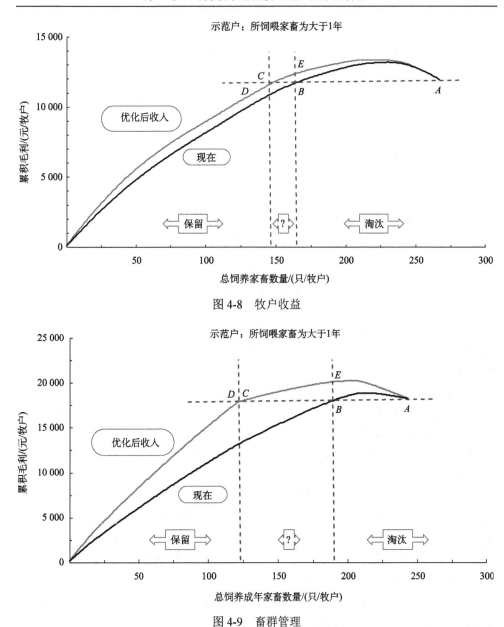

图 4-8　牧户收益

图 4-9　畜群管理

　　如果把所淘汰的 100 只羊所节省的资源重新投入到生产中，改善生产的资源条件和管理条件，特别是改善现有羊的营养条件，那么就可获得另一条曲线，即为我们优化后的曲线。如图所示，该优化曲线上标出了 C、E 两个点。其中，C 点的累计毛利同优化前 A、B 点处的累计毛利相同，而 E 点与优化前 B 点处的家畜饲养量相同。在这种状态下家畜生产有两个选择，一是维持羊群数量在 B 点水

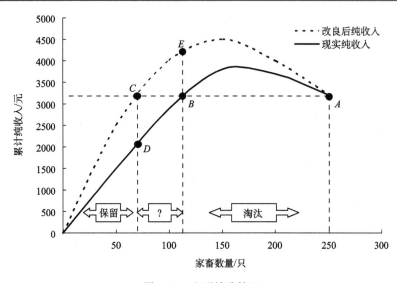

图 4-10　畜群精准管理

平，此时由于生产体系条件的改善，特别是羊的饲养条件改善，个体生产水平提高，整体经济收入水平提高到 E 点（12 200 元），比 A 点（11 700 元）提高了 4.3%。但此时的家畜数量比 A 点减少了 37%。第二个选择是维持毛利收入不变，再次利用精准畜牧业管理技术改善家畜管理和饲养水平，此时 C 点的家畜数量就可再减少 44%。在这种状况下，牧户的羊只总饲养量可以减少 60%，而毛利收入和 A、B 点一致。图 4-10 显示了另一牧户的养羊生产和管理状况，牧户所饲养的羊只总数为 240 只。以同样的方法得到相似的两条曲线及 A、B、C、E 4 个点。牧户目前收入水平 A 点的家畜饲养量是 240 只，维持相同收入水平的 B 点家畜数量为 170 只，减少了 29%，而 C 点家畜的数量为 96 只，减少了 40%。同样假设将减少的 37% 的家畜所省的资源重新投入家畜生产当中，也有 C、E 两个点，家畜生产也有两种选择，一是选择经济收入高的 E 点，此时所饲养的家畜数量与 B 点相同，在第二个案例中牧户在 E 点的经济收入（18 500 元）比 A 点（17 500 元）提高了 5.7%。但 E 点的家畜数量却比 A 点减少了 21%。二是选择进一步降低家畜饲养数量，维持 A 点的经济水平。此时，C 点的家畜饲养数量又比 B 点减少了 15%。与 A 点的家畜数量相比，总共减少家畜数量 60%。

　　目前我国草地超载过牧严重，据报道，内蒙古地区 2005～2009 年草地超载过牧的平均水平由 23% 上升到 112%，青藏高原地区近十几年草地的超载过牧率为 27%～89%。据估计，西藏、青海、四川和甘肃在 2010 年的超载率分别为 38%、25%、37% 和 36%。天然草地畜牧业的家畜数量近几年一直呈现增加的趋势，图 4-11 为中国放牧家畜增长率。引起这种状况的原因很多，其中主要原因是：

①受经济利益的驱动及维持生计的需要，农牧民不断通过增加家畜饲养量维持经济收入的增加。②农牧民仍然把家畜数量作为富裕的标志和财富的保证，自给自足式的生产方式还没有从根本上改变。③草原和草地的所有权还不明晰，资源利用方式仍然是掠夺式的，对草原和草地的投入严重不足。④技术支持力度和技术创新不够，缺乏草地畜牧业可持续发展理论与技术，家畜生产技术与草地管理技术互相脱离，农户家畜生产管理技术落后。⑤各级政府仍然采取以数量求增长的经济政策，导致家畜数量的不断增长，存栏量不断上升，超载过牧严重。⑥市场收购方式不合理，不能按质论价，市场监管体制不健全。通过以上案例的分析和研究发现，如果以牧户为单位实施先进的家畜生产管理技术，努力提高家畜的个体生产水平，淘汰亏损家畜个体就可很大程度地降低草原载畜量，同时还可以维持，甚至提高农牧民收入，在实现降低载畜量的同时，促进当地草地畜牧业的发展，实施家畜个体的管理技术无疑对实现草畜平衡、促进草地畜牧业的可持续发展具有重要意义。

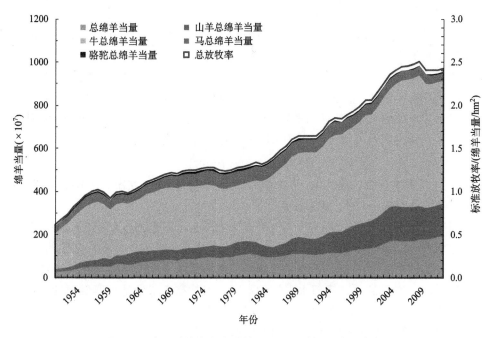

图 4-11　中国放牧家畜增长情况（彩图请扫封底二维码）

4.5.2　精准家畜管理理论

1）假设家畜生产体系年度总效益是生产体系内每个家畜个体效益所组成，因此，所有家畜个体的效益总和就是下年度的效益收入。因此就有：

$$\pi_i = p_w W_i + r_i p_l L_i - C_i \tag{4-38}$$

式中，π_i 是家畜 i 的效益；p_w 和 p_l 是家畜产品 w 和 l 的市场价格，如羊毛（羊绒）和羊肉等；W_i 是家畜个体所产产品的数量（羊毛质量）；L_i 是该家畜所产子畜的预计销售质量；r_i 是该家畜所产子畜的断奶成活概率；C_i 是该家畜的总饲养成本。由于子畜的断奶成活率才是家畜最终产生效益的指标，因此在计算基础母畜的生产效益时，**繁殖率本身并不能说明最终生产效益，也不能说明生产体系的管理水平，它只是母畜的一个生理指标和品种特征**。特别是在草食家畜生产中，繁殖率的高低是品种的遗传特征，不表示生产体系的生产效率，只有断奶成活率才能充分说明生产的效益和生产体系的管理水平。因此，在这里采用的是子畜的繁殖成活率。

当然对羯羊、公牛犊来讲，式中 $r_i p_l L_i$ 等于零。

2）假设 W_i、L_i 和 C_i 对生产体系内的所有家畜是一致的。

3）如果假设 2）成立，且家畜品种对饲养管理条件的适应性是一致的，从数学角度讲，假设 $\pi_i = f(r_i)$，也就是说家畜的生产效益由 $\pi_i = f(r_i)$ 决定。

公式（4-38）中的 W_i、L_i 和 r_i 是由家畜个体体况和家畜采食量决定的，所以当所有家畜的 C_i 值是固定一致的，那么 W_i、L_i 和 r_i 值就随家畜体况的改变而改变，体况改善 W_i、L_i 和 r_i 值就增加，反之，则减小。这种现象也从一个侧面证明了公式（4-38）的合理性。在生产实践中，无区别的饲养是大多数牧户的饲养方式，而且家畜生产学研究证明，子畜的断奶成活率是草地畜牧业管理水平的重要指标。

那么，特定家畜（母）所产子畜的断奶成活率的概率就是：

$$r = f(ag, tc, uc, fs, bw) \tag{4-39}$$

式中，ag 是母畜年龄；tc 和 uc 是母畜的健康状况，如牙齿状况、乳房健康状况；fs 是母畜的体况评分；bw 是母畜的体重。

母畜的体况是子畜断奶成活率的重要确定因素，根据畜牧学研究结果，母畜的健康状况与其年龄有关，更直接地与其牙齿、乳房、体况、体重有直接的关系，因此在计算母畜所产子畜的断奶成活率时，选择了这 5 个指标。当然，在特定的生产体系内，由于品种、管理水平等的不同，影响家畜特别是母畜健康的指标可能有所不同，所以指标可以根据实际情况进行调整。

4）假设母畜的所有健康指标是独立的，那么

$$r = f_0(ag) + f_1(tc) + f_2(uc) + f_3(fs) + f_4(bw) \tag{4-40}$$

式中，$f_0(ag)$ 表示了该群体中典型母畜所产子畜成活率的基本概率。也就是说，对于家畜群体中某一母畜，如果具有平均体重、平均体况，且没有牙齿、乳房等健康问题，该母畜所产子畜的成活率概率是基本概率。基本概率的范围在养羊业中一般为 70%～120%，有时可以达到 200% 或更高，这主要取决于羊的品种和年龄。

由于肉牛一般为单胎，其断奶成活率变化范围较小。

当某一群体母畜的 $f_0(ag)$ 确定后，特定母畜按照其具体情况确定 x 值；如母畜的某一指标高于平均值，这个母畜在这一指标上将获得"奖励"值，相反就获得"惩罚"值，最后该母畜的整体得分就是式（4-40）的线性关系。

以绵羊为例解释式（4-40）的畜牧学意义。假设某绵羊群体中一母羊由于某种原因造成牙齿损坏，影响其采食。又假设该群体羔羊断奶成活率是80%，而且该母羊体况评分高于群体平均值0.5分，那么，由于牙齿损坏，采食受到影响而获得的"惩罚"值为10%，由于体况评分高于平均值0.5分而获得的"奖励"值是5%，那么该母羊所产羊羔断奶成活率就是75%。因此，一旦得到了该母羊的 r_i 值是75%，该母羊的 π_i 就可根据式（4-38）计算得到。

家畜群体的子畜断奶成活率是个体家畜效益收益的基线指标，不同群体、不同品种及不同的饲养管理水平下家畜平均断奶成活率是不同的。同时，计算个体家畜的效益贡献率需要一些当地的基础数据，这些数据都应该根据当地的实际情况来确定。基础数据的偏差将导致计算和分析结果的偏差和失误。

4.5.3　精准草食家畜管理理论的几点说明

精准草食家畜管理是精准草地畜牧业管理理论的主要部分，它是通过对家畜个体的管理实现生产的精准性和目的性。对个体家畜的精准管理可显著地提高草食家畜生产体系的整体效率。从案例一和案例二可以看出，精准草食家畜的管理从理论上解决了草食家畜生产中所面临的如何实现草畜平衡这一关键的问题。下面是精准草食家畜管理理论的几个主要应用方面。

要得到个体家畜的效益，首先要确定特定品种的群体基础断奶成活率概率，也就是群体平均断奶成活率。平均断奶成活率的确定很关键，要根据具体的群体数据来确定。f_0 是衡量草食家畜生产水平的一个指标。

确定母畜牙齿健康状况（tc）、乳房健康状况（uc）及母畜体况评分（fs）、体重（bw）等指标的"奖励值"和"惩罚值"也是非常重要的一个环节。需要根据指标本身对家畜生产性能的影响而定。同时，对不同品种和家畜种类的衡量指标也可能不一样。对于肉牛来讲，蹄健康、出生重、日增重也可能影响母畜的生产效益。所以，选择指标的类型和数量要根据具体情况来定，也可以按照家畜的育种目标来定，这方面的问题将在以后章节中具体讨论。

如果设定了各个健康指标的"奖励值"和"惩罚值"，那么某个特定家畜个体的子畜的断奶成活率可以由式（4-40）计算，也就算出了该家畜的效益贡献值。因为"惩罚值"和"奖励值"依据母畜以上5个指标来衡量，所以某一母畜的贡献值有大有小，有正有负。最后，每一个家畜个体都有一个确定的效益值，将每个家畜效益值进行累加，减去饲料成本就得到整体家畜生产的毛收入（不包括其他支出）。

　　根据式（4-40）计算结果，根据家畜效益大小将每个家畜进行排序。了解每个家畜个体的生产状况和健康状况。如果将现实累计家畜生产效益用 y 轴表示，将现实家畜累计数量用 x 轴表示，利用 Excel 的图表功能可得到如案例一和案例二给出的曲线。根据家畜的排列顺序，家畜生产累计效益曲线可以确定每一个家畜在群体中的经济效益位置。比如，排列第十位的家畜在曲线上的位置点就是前十位家畜对整个生产效益的贡献量。同时，整体效益的最高点即拐点也可在曲线上显示（参考案例一、二），同时在家畜排序表中可以找到代表最高点的具体家畜个体。因此，通过精准草食家畜管理理论可以确定家畜经营管理的策略，确定淘汰家畜的数量。虽然精准草食家畜管理理论并没有直接考虑草原载畜量问题，但是如果已知草原载畜量就可以根据载畜量要求、家畜生产水平及市场状况确定群体的结构、家畜淘汰的数量。

　　假设根据家畜生产水平排序，以及草原和草场载畜量要求首先淘汰"亏损者"，然后根据草原载畜量指标，淘汰案例一和二曲线 B 点以后的所有家畜，以维持牧民收入水平和生产体系的整体生产水平。这是实现草畜平衡的第一步。此时，由于家畜数量减少，草原载畜量降低，每一个家畜在放牧时的均等采食量增加，与此同时，牧户原来的饲料投入也随着家畜数量的减少而使现有家畜占有量增加。例如，原来的饲料投入是每头家畜 20 元，家畜数量是 100 头，当家畜数量减少到 10 头，此时每头家畜的饲料投入是 200 元，如果仅从饲料的占有量来讲，保留的 10 头高生产水平家畜的饲料供应现状将提高。根据一般的畜牧业知识，如果假设家畜数量淘汰之前，每头家畜的饲料供应量严重不足，淘汰之后由于个体饲料供应量的提高而使家畜生产水平大幅度提高，这就是图 4-12 中的上方曲线。当然，具体每头家畜的饲料投入上限值要根据家畜种类、家畜品种不同而定，这也是草食家畜精准营养管理技术的内容，下面还要讨论。

　　通过示意图可以了解精准草食家畜管理理论具体内涵。图中两条曲线分别为"原始线"和"改良线"。"原始线"是家畜生产的现实曲线，它表明现有家畜生产效益的累计曲线，而"改良线"则是假设淘汰部分家畜后，所保留家畜在分摊了原有饲料投入后生产水平提高后的生产效益累计曲线。两条曲线上所显示的 A、B、C、D、E 5 个点，其中 A、B、C、E 含义已在案例分析中讨论，在此不再重述。D 点代表的是饲料供应量开始下降的点。在获得了 5 个点后，在图上就出现 3 个区域（虚线表示），其中，A 到 B 点的区域是"亏损者"区域，说明在这个区域中的家畜并没有为收入水平 A 贡献效益，因此需要全部淘汰。C 点到 B 点又是一个区域，说明在"改良线"曲线中，从 B 点到 C 点的家畜并未对 B 点的水平贡献效益，因此这些家畜也应该被淘汰，但是由于这个区域中所包含的家畜数量较多，

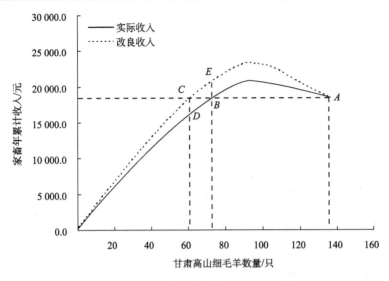

图 4-12　精准草食家畜管理理论示意图

同时在确定家畜个体"奖励值"和"惩罚值"时，这个区域的家畜通常都表现正值，也就是说每一个在这个区域的家畜都对 B 点水平有贡献。如果再看"改良曲线"从 B 点到 C 点的家畜个体其实也没有对 C 点水平有任何贡献，理应淘汰。但是从家畜生产管理的策略选择上 B 点和 C 点都有可能是一种选择，再者，这个区域的家畜可能都有一定的育种价值，所以不能简单淘汰，而要根据家畜个体的具体表现来定。而 C 点以后区域是生产效益的主要贡献者，也是家畜群体中表现最好的个体，是群体优秀遗传资源，是应该保留的部分。

从 B 点到 E 点或从 B 点到 C 点是家畜管理的策略性问题，显然，从可持续草食畜牧业生产角度来讲，C 点是实现草畜平衡和可持续发展的最理想的步骤。然而，从 B 点到 C 点需要更多的技术支持和管理。因此，如何选择 E 点和 C 点的家畜管理策略要依据当地的管理水平，依据草原超载的情况而定。从目前我国北方大部分草原地区来看，由于草原的退化严重，环境问题备受公众和政府的关注，所以选择 C 点作为实现草畜平衡、改善环境的第一步是极为重要的。但是，要实现这一目标，需要强有力的技术支持及有效的技术培训和技术推广。

另外，精准草食家畜管理技术理论的依据是根据每个家畜个体的效益贡献，来确定家畜管理策略和技术。家畜个体的效益贡献是通过度量每个家畜个体的生产性能来确定的，对草食家畜来讲母畜所产子畜的断奶成活率是度量的重要指标。在应用精准草食家畜管理理论的初期，特别是在我国草食家畜生产水平较低的情况下，母畜的生产水平主要是以所产子畜来体现，所以选择母畜的牙齿、乳房健康状况、年龄、体况评分和体重这 5 个指标从畜牧学上是最能说明母畜生产状况的指标。

4.5.4　草食家畜的精准繁育与育种

在个体精准管理理论中主要是通过度量母畜的 5 个健康指标，其每年所淘汰的家畜个体都是以年龄、体重、体况及牙齿、乳房健康状况为标准对家畜个体进行评估，然后淘汰评估得分低的个体，被淘汰的家畜个体对 B 点生产效益的贡献为零，甚至为"亏损者"，在家畜个体管理中主要针对母畜的 5 个健康指标是对断奶成活率有直接影响的性状和因素。其中牙齿主要体现了家畜的年龄和某些物理损伤情况。但是，个体的管理仍然要落实在遗传改良上。在家畜个体效益管理理论中首先是选择体重、乳房健康性状，所以从遗传学角度每一个世代的淘汰都将在所选性状上取得一定遗传进展。从精准家畜管理理论得知，由于母畜的生产效益 $\pi_i = f(r_i)$，所以当选择连续进行几代后群体的效益累计曲线很快将越过顶点，而后就会呈现相当平缓的直线，如图 4-13 所示。当针对个体体况、体重、乳房、牙齿健康性状的选择进行几代后，家畜群体中，特别是母畜在上述性状的表现上变异减小，选择进展降低，群体效益累计曲线出现平顶状态。此时，就需要精准营养管理和精准育种管理来实现群体水平的进一步提高。

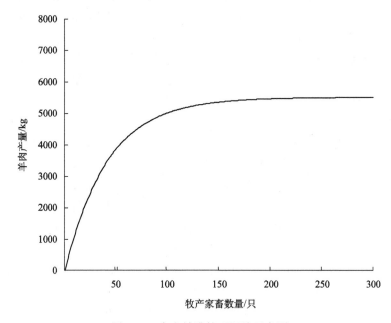

图 4-13　家畜精准管理理论示意图

当草食家畜生产实现了草畜平衡，草原可持续性得到保证，家畜管理水平改善，此时，草食家畜体况不再是家畜生产的瓶颈，同时在特定环境下对某一性状的持续选择最终会出现"屋顶"现象，即基因型和环境产生互作，基因型表达受限或受到抑制。如图 4-14 所示，假设 y 轴代表家畜生产水平，x 轴代表家畜基因型，家畜生产水平随着基因型的改良而增加，当家畜生产性能的基因型值达到 C 点时，基因型与环境互作后表现型达到最高，此时环境产生"屋顶"效应，基因型的表达在此点受到限制，如此时家畜基因型继续提高，除非加大对生产体系的投入，改善环境条件，使"屋顶"上移，否则，屋顶效应将作用于基因型，使其不能表达，从而使表现型下降，家畜适应性、生活力和生产性能随之降低。

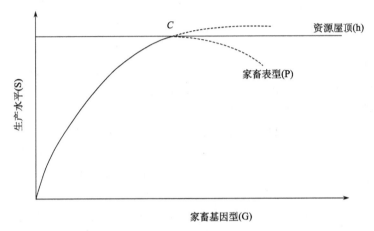

图 4-14　家畜选育的屋顶效应理论示意图

　　根据可持续家畜育种理论，家畜经济性状包含生态和文化属性，对经济性状进行选择的同时必须注重家畜适应性、生活力表现，注重草食家畜的放牧性能。因为引进品种有时并不能适应我国草原地区的环境和管理水平，所以经常会有牧民所说的"懒惰羊"。引进的羊不善爬山、爬坡，不适应远距离放牧，因此管理成本上升，资源利用率下降，家畜的生产性能、适应性和生活力都降低。所以，一个性状在特定环境条件和管理条件下其基因型表达会受环境的"屋顶"限制，如图 4-14 所示。C 点是该环境条件对家畜体重基因型的"屋顶"限制点。

　　选择的性状应该按照可持续性育种的目标重新确定，如果体重是首要选择的性状，那么，肉品质、日增重及家畜适应性将是之后重点选择的性状。

　　目前的家畜育种理论已经相当成熟，指数选择在家畜育种中广泛应用，并且取得了显著的进展。但过去几十年中，家畜育种主要针对家畜经济性状，家畜经济性状的选择指数建立主要是通过后裔测定进行，遗传进展通过每一个世代的选择而获得。同时，由于世界家畜生产体系的逐渐集约化及追求生产体系产量使家畜育种主要集中在少数几个家畜品种上，同时家畜的专门化程度提高，经济性状的选择数量减少，如奶牛产奶量、肉牛日增重及绵羊产毛量等经济性状是这些家畜的主要经济性状。发达国家在过去家畜育种工作中起着主导作用，也是家畜育种的主要实施地区，因此所育成的品种是在特定生态环境、饲料环境、市场环境及特定生产体系下育成的。高度培育的家畜品种在全世界被广泛推广，并逐渐取代当地品种成为家畜生产的主要家畜种类，这种趋势的不断蔓延造成了家畜遗传多样性的丢失和减少，对可持续家畜生产体系造成负面影响，这一现象已经引起广泛的关注。

草食家畜品种与环境和饲草料资源的联系更为直接，需要更强的适应性和利用当地饲草料资源的能力，也就是耐粗饲能力，因此草食家畜育种的重点不仅要注重经济性状，还要更注重适应性。在我国，针对草食家畜的育种工作相对滞后，草食家畜品种的培育程度相对来讲都比较低，家畜的主要生产性状的生产水平与国外培育品种相比确有一定的差距，但是由于缺乏对家畜品种遗传特性、生态特性、文化特性及产品品质的全面评估，我国拥有的大量的优良地方品种的遗传特性被低估或被忽视，有些优秀的地方品种或优秀的地方家畜遗传资源已经丢失。

由于缺乏科学的家畜繁育体系，杂交技术利用混乱，终端杂交的概念与家畜改良概念混淆，终端杂种往往被留作繁殖家畜，终端杂交其实变成了级进杂交改良，导致家畜适应性和生活力下降，优秀遗传基因丢失，家畜遗传多样性减少。我国的猪、家禽业生产多为引进品种，地方品种基本丢失或已经丢失。同时，奶牛业、肉牛业也开始表现同样的趋势。养羊业在过去20年内有了很大的发展，其中通过杂交提高个体生产水平也成为普遍现象，许多优秀地方品种濒临灭绝。同时，在市场利益的驱动下，级进杂交的家畜对饲料条件、生态条件及管理条件的要求不断提高，适应性、生活力降低，对资源的利用率降低，见图4-14家畜选育的屋顶效应示意图。家畜生产性状的基因型表达需要一定的资源条件和生态条件的支持，当资源条件和生态条件出现屋顶效应，而不能满足基因型表达时，基因型和环境产生互作使家畜表现型降低，而且降低的速度会较快，这就是适应性和生活力降低的结果。那么，为了保证高产基因型的表达，生产体系的投入就要提高，只有这样才能提升"屋顶"限制线，保证基因型的表达。但这样的结果是生产体系的资源利用率下降，生产体系成本上升，生产效率下降。

目前，杂交是草食家畜生产中广泛应用的繁育技术。但是，我国草食家畜生产主产区的生态条件和饲料条件一般都比较差，饲草料的质量和生态环境条件不能支持引进品种或高代杂种基因型的表达，同时引进家畜或高代杂种也不适应严酷的生态条件。当地品种在长期的进化和选育过程中所形成的耐粗饲、适应性强等特性是资源利用率高的保证。引进国外品种、盲目采用杂交改良会降低家畜对资源的利用率，降低生产体系的可持续性。

同时，我国草食家畜育种进展较缓慢，技术还比较落后，许多地方品种由于大量杂交而濒临灭绝或消失。遗传多样性丢失，严重影响家畜生产体系的可持续发展。要正确理解杂种优势理论，正确利用杂种优势，在保持当地品种不断选育提高的同时，根据生产体系的生态环境、市场条件有目的地科学地使用杂种优势。如图 4-15 所示，草食家畜繁育体系应该有目的、有计划地进行，特别是要确定最佳的杂交组合。杂交组合筛选是基因型和环境互作的估测，杂交组合确定原则应该是：①当地生态条件、饲料资源、家畜管理水平能够支持杂种优势基因型的表达。②杂种能够高效利用当地饲料资源，促进资源利用效率，提高生产体系的整体效率。③当地品种是繁殖母畜的基础，要应用家畜个体精准选择理论，指导实践不断对母畜群进行选择，提高当地品种的生产水平，同时保持其适应性和生活力，保护遗传多样性。④要正确理解和应用杂种优势理论，建立科学合理的繁育体系，避免杂种基因型对当地品种基因库的污染。⑤要确保二元杂交及多元杂交的杂种商品化，避免杂种基因型进入繁育家畜。

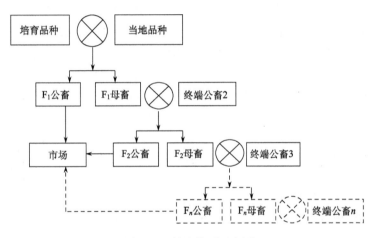

图 4-15 繁育体系示意图

在草食家畜育种过程中，如果家畜的营养条件和环境条件得到保证，体况就不是家畜生产效益的瓶颈，此时就可以应用草食家畜精准管理理论，对其他性状进行选择。例如，子畜出生重、日增重、肉品品质，绵羊的产毛量、毛细度、肉用性状及草食家畜的饲草料利用效率等。

应用精准草食家畜管理理论可以了解和掌握家畜生产的整体情况，确定家畜经营管理策略。如果家畜的体况不好，断奶成活率低，就应该对饲养方案进行调整，同时，还可根据家畜的体况和健康状况实时调整群体结构，使其达到最佳状态，提高生产效率。也要根据家畜群体结构的确立、饲养方案的确立来实现。

4.6　可持续草地畜牧业生产体系的家畜遗传育种理论与实践

可持续草地畜牧业生产体系的生产对象是家畜，家畜的遗传特性和生产性能是维持生产体系可持续性的主要内容。自给自足式的原始家畜生产体系内的家畜种类和品种虽然保留了原始家畜品种的遗传多样性，但从其生产性能、生产效率及适应现代家畜生产体系和产品品质要求等方面就不能满足可持续草地畜牧业生产体系的要求。由于世界畜牧业生产体系的进化，近1个世纪以来，家畜生产主要是以追求"产能"为主要目的，与此同时，家畜的遗传改良和育种同样是以提高家畜生产性能、提高生产效率为主要选育目标。在家畜生产体系逐渐集约化和市场化的大趋势下，家畜生产性能也在向专门化发展，而传统的多用或兼用品种逐渐被专门化品种所取代，少数家畜品种成为众多家畜生产体系的主导家畜品种。据 FAO 统计，全世界有记录的家畜品种大约 7616 种，而只有 557 种家畜品种在全世界推广，其中猪、奶牛、家禽生产中所用的品种更加集中。奶牛生产中，荷斯坦奶牛品种成为全世界奶牛生产的绝对主导品种；养猪业中，大约克、杜洛克、长白猪已是家喻户晓的当家品种。这种以培育品种取代原始品种、专门化品种取代兼用品种的趋势正在向其他家畜生产体系中蔓延。由于生产体系的工业化和集约化，培育品种的适应性下降，对环境条件的要求较高，家畜生产体系需要的投入不断上升，成本增加，从家畜生产体系的单位投入与产出效率计算整体效率的提高有限，甚至下降。因此，虽然少数培育品种的生产性能、专门化程度高，对提高家畜生产体系的生产能力做出了显而易见的贡献，然而家畜生产体系的生产效率并未相应提高，甚至下降。家畜生产体系生产能力的提高是生产体系集约化和工厂化的结果，集约型生产体系对外来资源的依赖程度大，自身可持续性差。

可持续家畜生产体系是家畜生产体系进化和发展的趋势，也是家畜生产体系向高一级进化的趋势，犹如前面章节中所讨论的，家畜生产体系的进化是多重因素所驱动的，特别是社会和公众对家畜生产体系的要求发生变化，他们不仅希望获得物美价廉的产品，而且希望更多的文化价值和生态价值能够体现在所消费的产品中。特别是公众对产品安全、环境友好及家畜福利的关注度日渐增强，未来家畜生产体系的内涵正在发生改变或变得丰富。同时，与之相适应的家畜育种理论和育种理念也在发生改变。传统的家畜育种是以改良家畜经济性状为目的，而现在经济性状也包含了非经济价值的内容。

4.6.1　可持续家畜生产体系与家畜育种

未来的家畜生产体系在进化过程中将会表现两方面的特点：一种表现是家畜生产体系内的生态和生产技术特点和特征，另一种表现是可持续家畜生产体系的社会、文化内涵和个人价值需求方面的特点和特征。这些特点和特征要求对传统的家畜育种与改良理论及其概念进行修正和改变。可持续家畜生产体系的特点和内涵需要家畜育种与改良理论发生相应的修正和改变，其表现在以下几个方面。

4.6.1.1　可持续家畜生产体系的生态和技术特点

1) 家畜生产体系将以满足人类对家畜产品需求的增长为主要目的。家畜育种与改良：提高生产效率和生产能力；同时提高单位家畜产品生产效率；提高家畜采食量及对非谷物饲料资源的利用率；提高产品质量。

2) 家畜生产体系能量和营养成本提高；对边际型土地的利用增加。家畜育种与改良：提高家畜对生产体系内饲料资源的利用；通过改良家畜健康性状、繁殖性状和其他生理功能性状，降低生产成本和管理成本；提高家畜粗饲料采食量，降低家畜对谷物能量饲料的依赖。

3) 家畜生产体系多元化和本土化。家畜育种与改良：降低家畜对环境的敏感度，提高适应性和抵抗力；根据生产体系本土化的要求设立多元化的家畜育种目标。

4) 为减少对环境的负面影响，家畜生产体系对能源和氮、磷等营养体的消耗将受到限制，化学药品的使用进一步减少。家畜育种与改良：改良家畜对营养体（蛋白质、矿物质等）和能量的生物学转化效率和利用效率；改善家畜抗病力性状，特别是对寄生虫和特定传染病的抵抗力。

5) 家畜生产体系广泛应用遗传工程技术和生物工程技术。家畜育种与改良：遗传工程技术和生物工程技术在家畜育种中的应用可避免品种近交，保护遗传多样性。

4.6.1.2　可持续家畜生产体系的社会、文化内涵和个人价值的需求

1) 对家畜福利关注程度加强。家畜育种与改良：改善家畜消耗代谢机能，降低代谢应急；改善家畜健康性状、繁殖性状，延长利用年限；在家畜生产体系改变时，进一步提高或维持家畜适应性。

2) 家畜生产体系内技术和知识的专有权提高；家畜与人之间传染疾病的担忧增加；家畜育种的私有化进程加快；国际贸易扩展，家畜产品的市场竞争加剧。家畜育种与改良：加强家畜育种和改良方面的合作，特别是国际合作，提高竞争力；提高家畜对疾病的遗传抵抗能力，特别是对特定寄生虫疾病和传染病的抵抗力；提高家畜育种工作的联合和合作，增强竞争力，进一步多元化家畜育种目标，特别对经济性状的育种目标涉及非经济性状指标，使其适应公众、社会和个人对家畜品种的要求。

3) 可持续家畜生产体系注重对家畜遗传多样性的保护。家畜育种与改良：

建立品种保护项目；维持或增加品种有效群体含量，满足未来的家畜育种要求。

人口的持续增加将促使家畜生产体系仍然注重高的生产能力，同时强调生产体系的单位面积资源的生产效率，对于草地畜牧业来讲，单位草地面积的生产效率是衡量其可持续性的重要指标。另外，单位畜产品的生产效率也是可持续草地畜牧业生产追求的指标之一，因为它是衡量单位畜产品消耗资源多少或转化效率高低的重要指标，它体现生产体系的整体生产效率和对资源的利用效率。通过注重生产效率和单位产品的资源消耗量，来追求生产体系对资源的可持续利用是可持续生产体系经济属性和生态属性的体现。因此，提高生产体系的整体生产能力，改善生产体系的生产效率，是促进家畜生产体系可持续发展的重要一步。目前，家畜育种目标更注重个体家畜生产能力的提高而忽视了家畜个体对生产体系整体效率的贡献，要实现可持续发展，需要追求单位草原面积的生产效率而不是家畜个体的生产能力。因此，考虑家畜育种的可持续性问题，要分析家畜生产体系的整体效益，使家畜育种有利于提高整体生产体系的可持续性，而不是提高一个地区或特定企业的生产效率。草原和土地的所有权已经得到落实，那么就应该鼓励农牧民提高单位草原面积的生产能力，而不是单纯强调家畜个体的生产能力。只有这样，才能确保家畜育种的可持续性和对可持续家畜生产体系的贡献。

家畜育种固然要服务于家畜生产体系，但家畜品种的最终使用者是生产者。生产者永远追求生产效率和经济效益最大化，这是难以改变的现实。因此，如何在家畜生产体系特别是家畜育种目标中体现公众和社会的文化、生态和保护动物权益等价值观，是未来家畜育种可持续性的一个疑惑性问题。以目前全社会的文明水准，特别是在经济活动市场化的大背景下，通过政府的法规和政策来规范、引导家畜生产及家畜的育种活动，这无疑是家畜生产体系体现文化价值的有效途径，也是政策促进、引导和支持家畜生产体系可持续发展的体现，家畜生产也将促进社会的文明进步。

前面讨论了有关可持续家畜生产体系的特点及与之相适应的家畜育种目标，其中大多数的育种目标只是针对生产体系的一般共性，并非具有针对性。可持续家畜生产体系所强调的文化价值需要体现在家畜育种中，这无疑会增加性状的选育数量，从而影响育种效率，提高育种成本。另外，遗传改良是一个漫长的过程，要达到可持续家畜生产体系的要求，家畜育种手段和遗传改良技术都需要创新和改良，所有这些无疑是需要全社会的共识。

可持续家畜生产体系有很强的本土性，生产体系的形式千变万化，每一种特定的生产体系都代表了本地区的自然条件、文化和家畜产品的消费价值。因此各个生产体系育种目标呈现多样化或多元化的发展趋势，这有利于家畜遗传多样性的保护。同时，由于每一种生产体系所面临的自然风险、市场风险及政策风险各不相同，这也促进了生产体系间育种目标的多样化趋势。

从生产体系来讲，技术创新和进步才是生产效率提高的原动力，家畜育种进展也是生产体系技术进步的体现。家畜育种的主要目的包括：①通过家畜生产性能、适应性及抵抗力的改良和提高降低生产体系单位产品的资源投入，包括基础设施、能源和饲料等。②通过改良家畜对饲料的利用效率，使生产能够利用更廉价的生产资料，包括非谷物饲料、作物秸秆和其他饲料资源。生产体系效率提高意味着对资源的节约，节约的资源余量可以扩大生产或通过市场转移到其他生产体系。不同生产体系所面临的资源限制因素不同，生产资料在不同生产体系所体现的价值不同，生产资料在不同生产体系的转移有利于提高其价值和利用效率。过去 1 个世纪以来，发达国家主导了家畜的遗传育种，家畜育种工作完全依照发达国家高投入、高度集约化的生产体系来开展。为了更快提高家畜生产体系的生产能力，全世界都在竞相发展集约化、工业化的家畜生产体系，即集约型生产体系。随之，发达国家的家畜品种也开始在这些国家推广，造成家畜生产体系效率降低、家畜遗传多样性丢失，同时也对引入地的文化、生活方式造成了一定影响。

考虑到不同生产体系生态条件、资源条件的不同，家畜育种的方向和目标也应不同，只有这样才能保证家畜育种对可持续生产体系的贡献及家畜对生产体系的最佳适应性。不同自然环境和饲料条件下家畜主要经济性状的育种策略和目标如下所述。

1) 对于自然环境较差、饲料资源充裕的生产体系，家畜育种策略和目标主要强调品种适应性和经济性状的生产效率。而对于饲料资源受限的生产体系，育种策略和目标主要强调品种适应性及饲料利用率效率。

2) 对于自然环境较好、饲料资源充裕的生产体系，育种策略和目标主要强调经济性状的生产效率和产品品质。而对于饲料资源受限的生产体系，育种策略和目标主要侧重饲料利用率和产品品质。

显然，对于环境条件较差的生产体系，家畜适应性就应该是第一位的，只有这样才能保证家畜生产体系的效率。在环境条件恶劣地区，特别是北方草原畜牧业地区，当地品种的适应性、抵抗力及对饲草料资源的利用率都要高于外来品种。每一个品种都是在特定生产体系和环境条件下育成的，一旦脱离了育成地区的特定生产体系，其遗传适应性和生产性能都将显著下降。为了使引进品种得以表现原产地的生产性能，就需要通过投入来改善引入地生产体系的管理条件和饲料条件，以满足家畜适应性的需要。对生产体系投入的增加降低了生产体系的生产效率，降低了生产体系内资源的利用效率。可能单个家畜生产水平有了显著的提高，但就整体生产体系来讲，效率却显著下降了，生产体系的可持续性降低了，舍饲养羊提高了生产体系的投入，导致生产体系效率下降。例如，小尾寒羊的大量引进，使北方地区舍饲养羊大力发展，但分析其生产效率，通常要比传统养羊方式低。

　　针对目前家畜繁育体系建设中普遍采用的新品种引进和终端父本杂交改良等技术，通过研究，提出了"家畜基因型与环境匹配理论"（见图4-14），阐明了在特定生产体系下，环境对家畜基因型具有屋顶效应，丰富和发展了基因型与环境型互作的经典数量遗传学理论。传统数量遗传学理论认为 $P=G+E$，阐明家畜表型（P）与基因型（G）和环境（E）的微观线性互作关系，即家畜生产性状由基因型和环境决定，强调的是单一性状和家畜特定生存环境的关系。而"家畜基因型与环境匹配理论"发现在新品种引进或终端父本引进开展杂交改良时，环境对所引进家畜种类或基因型产生屋顶效应，即 $P=(G+E)h$，其中 h 是环境阈值或屋顶效应值。以极端状况为例，当环境阈值为零时，说明引进家畜或基因型完全不能适应新环境，适应性（fitness）为零。环境阈值可通过饲养设施改善、饲草料水平的提高而改变。因此，环境阈值决定品种引进、杂交改良技术的应用效果，也决定整体生产体系的效率和成本。牛羊生产体系要素包括牛羊品种（基因型）、生产环境、管理水平、设施设备的配套水平、饲料种类、管理者（劳动力）、市场等，生产要素的总效应与牛羊基因型互作，会产生屋顶效应。

　　杂种优势的表现取决于基因型和环境的互作，杂种家畜的杂种优势表现需要一定的生态条件和营养条件。生产体系如不能支持杂种优势的表达，杂种家畜的生产性能也会降低，同时其生存能力也降低，表明其适应性降低。此时，杂种家畜个体生产水平及整体生产体系的效率都会降低。在生态条件差的地区，对于草食家畜来讲，杂种家畜的生产性能甚至要低于当地品种。除非加大对生产体系的投入、改善生产体系的环境和资源条件，使其能够支持杂种优势的表达，杂种家畜个体生产水平提高，但生产体系的整体效率却因为投入的增加而降低。因此，杂种优势的利用只有在集约型家畜生产体系或资源充足的生产体系内应用。如图4-16所示，荷斯坦奶牛在集约型生产体系下所表现的高生产性能不能在低水平饲料条件下表现，在北方地区的众多农户养殖水平和放牧水平下，荷斯坦奶牛产奶性能与黄牛相比没有多大差异，而在集约型生产体系下其生产性能要远远高于黄牛。

　　我国北方地区生态条件差，饲料条件有限，往往家畜杂种优势理论被片面理解，由于生产体系内的生产条件和饲料条件并不能支持高性能肉牛和肉羊及其杂种优势基因型的表达，所以必须对生产体系内的基础设施，包括圈舍条件、饲料条件等进行改善和投资，这在肉牛业和肉羊业中表现得尤为突出。由于单纯追求家畜个体的生产水平，二元杂交、多元杂交利用杂种优势在肉牛和肉羊养殖中多被采用，当地品种被严重忽略，甚至消失。在此趋势下，生产体系内的设施投入要求越来越高，饲料的利用率，特别是农作物秸秆的利用率在下降，生产体系的整体效益降低。

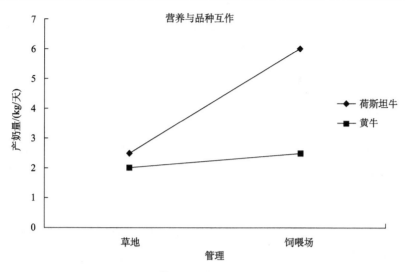

图 4-16　黄牛与荷斯坦牛产奶量对比

4.6.2　多元化的可持续家畜生产体系对家畜育种目标的要求

虽然可持续家畜生产体系仍然表现以生产为主的特点，经济属性依然是生产体系的重要属性之一。但可持续家畜生产体系在注重经济属性的同时，还注重其他属性，这是可持续生产体系与其他形式生产体系的主要不同点。可持续家畜生产体系所要求的家畜育种目标是多元性的，其中包括传统的对经济性状的改良目标。但是，由于家畜生产体系有不同的表现形式，因此所追求的可持续发展模式因所处的社会、经济、文化、生态等条件的不同而不同。对于家畜的经济性状来讲，可持续生产体系所要求的内涵和经济价值的定义不同，这是可持续生产体系本身的多元性所决定的。可持续家畜生产体系所要求的家畜育种目标要符合生产体系所处的生产条件、环境条件和社会、人文条件。如何确定特定生产体系对家畜育种目标的要求是一项复杂的工作。为了能较为准确地确定育种目标，应该考虑以下几方面的问题。

1）育种目标要适应家畜生产体系的整体要求。要掌握家畜生产体系特征，特别是资源和环境特征、生产体系的区域文化特征。目前研究生产体系最有效的技术是计算机辅助模型。

2）要促进生产体系生产效率的提高。家畜育种目标要提高家畜对能量和营养物质的利用效率，提高家畜对饲料能量、蛋白质、矿物元素和维生素等营养物质的利用效率，扩大家畜饲料的来源，降低对谷物性饲料的依赖。

3）要促进可持续家畜生产体系长期生产效益的最大化。家畜育种的长期目标是促进可持续发展，目前的育种是短期遗传进展的积累，缺乏可持续性。单纯追求高的生产性能，降低了家畜适应性和抵抗力，促使生产体系的投入增加，整体效率降低。

4.6.3 家畜育种对社会和环境的影响

可持续家畜生产体系包含了除生产和经济属性以外的多重属性，传统家畜生产体系只注重经济和生产属性，而可持续家畜生产体系还需要注重生态、文化等属性，这些属性的度量难度大、随地域和文化差异而变异，价值属性不明显。家畜育种注重家畜性状的经济价值及经济性状的表达程度，在现代家畜育种中对性状的经济价值的评估已有相当成熟的技术和体系，但如何评价家畜经济性状的社会、文化及生态价值却存在很多的争论，度量标准不统一。同时，生产体系所处地域的社会文化及宗教背景不同，家畜性状的文化价值的内涵也不同。目前的家畜育种理论是以短期遗传进展为基础的，它强调每一个世代的遗传进展，育种目标是短期性的。因此，家畜改良的遗传进展对可持续家畜生产体系的负面影响，以及家畜育种与社会文化、宗教、伦理的冲突也很难预测和确定。可持续家畜生产体系所要求的家畜育种必须要有长期的育种目标，要克服遗传改良可能带来的对家畜本身及家畜产品品质的负面效应。例如，家畜适应性降低、对饲料条件的要求提高、产品品质下降、动物福利下降等负面影响。家畜的育种是一个长期的过程，可持续家畜育种是家畜生物学与生态、文化的平衡，是长期的综合性措施的结合。因此，要实现可持续家畜育种，必须要解决以下几个问题。

第一是社会文化和伦理问题。在可持续家畜育种中，家畜性状所表现的社会、伦理等价值是一个重要的问题。例如，家畜育种与家畜福利，新的育种技术应用与公众接受程度，特别是转基因家畜、家畜产品与传统文化，异种生物间基因转移的宗教和伦理问题等。这些问题都是可持续家畜育种需要考虑并在育种目标中体现的，但如何度量这些因素的价值是一个问题。注重动物福利，势必要降低家畜的生产水平，提高产品价格，这与消费者利益相冲突，所以要根据社会的文明程度和消费者的文明消费行为、接受程度相平衡。

第二是生产体系的资源、环境条件和社会文化特征的问题。要确切定义当地的环境和资源的条件，定义在特定环境和资源条件下适宜的生产体系类型及当地的经济、社会文化对生产体系的影响。确定影响生产体系内资源再生的主要因素，包括经济和文化因素。

第三是如何定义生产体系的社会、文化、生态等多重属性的问题，使其成为可持续生产体系的指标。在我国，农牧民的收入及单位面积资源的生产效率应该是重要的指标之一。另外，生态方面的指标还要包括家畜甲烷相对排放、营养体循环、化学药品的利用、资源消耗率等。家畜生物学特性改变引起的对资源利用、环境及社会伦理方面的影响是可持续育种需要包括的内容。

第四是如何定义家畜主要经济性状和生物学特征对上述生产体系的社会、文化、生态和环境指标的影响程度的问题。可持续的家畜育种首先要有利于提高生产体系的效率，同时为了体现社会、文化及动物福利的要求，要牺牲家畜育种目标的部分指标。这方面的平衡是一个重要的问题。

如果家畜育种提高了家畜对资源的利用效率，减少了家畜甲烷相对排放量，促进了资源的可持续利用，这具有环境价值；如果动物性状的改变提高了产品的品质，有利于人类健康，这具有人类健康福利的价值；如果家畜生存期内的生存质量提高了，则满足了动物福利保护的要求，这具有伦理和文化价值。以此类推，可持续性的育种还有众多的未曾列举的无直接经济价值的性状，如果说家畜生产性状具有经济价值，那么无直接经济价值的这些性状也同样具有价值。就像建造高速公路有具体标准一样，它是运输效率和安全的保证，高速公路的质量本身就表现了价值。所以，随着社会的进步和文明，家畜体现生态、文化、伦理等性状的价值将在家畜产品中逐渐得到体现，这也是可持续家畜育种所追求的目标。

4.6.4　可持续性的家畜育种理论

根据以上的讨论，可持续家畜育种理论中家畜总基因型值应该包括经济基因型值（ME）和文化基因型值（NV）。因此，在家畜改良和家畜育种中所追求的遗传进展就包括两个部分，一是 ME 的遗传进展，二是 NV 的遗传进展。假如考虑两个生产性状（Y）时，家畜育种总目标应该是：

$$H=(NV_1 \times Y_1 \times ME_1 \times Y_1)+(NV_2 \times Y_2 \times ME_2 \times Y_2) \tag{4-41}$$

式中，H 是总的育种目标；Y 是性状。

那么文化性状的遗传进展为 $G_{NV}=NV_1 \times \Delta G_1+NV_2 \times \Delta G_2$ $\tag{4-42}$

式中，ΔG_i 是性状 i 的遗传进展或改变。

上式显示，对特定基因型来讲，家畜性状的经济价值和文化价值是并存的，假如家畜对疾病抵抗力增强了，家畜健康管理的费用就降低了，这就意味着生产效率的提高，同时家畜健康水平和家畜的福利也得到了保证，这是文化基因型的价值体现。另外，家畜健康状况改善减少兽药的使用，家畜产品品质提高，有利于人体营养，改善人类健康水平，这又是基因型经济价值和文化价值并存的体现。

4.7　可持续家畜生产体系优化理论

家畜生产是对家畜饲料和营养、家畜品种和家畜健康的综合管理，而家畜生产体系是对家畜生产和生产体系内资源的综合管理。家畜生产体系管理的目的是提高生产体系的生产效率，提高对资源的综合利用率。因此，要提高生产体系的生产效率，就要优化生产体系各个环节，以及资源的优化配置，增加体系内资源的最佳组合，从而提高生产体系的生产效率。以生产体系为整体，研究家畜生产的每一个环节，优化生产体系资源的配置是提高生产体系整体效益的重要途径。由于家畜生产是一系列相互联系、相互影响的生产过程。如果独立地去研究各个生产环节，就很难协调生产过程的每个环节，提高生产过程对资源的高效利用，从而提高生产效率。因此，要用系统分析的方法研究家畜生产体系内相互联系、相互影响的各个环节的协调，通过对家畜生产体系整体状况的分析作出家畜生产管理的决策，是草食家畜生产管理的有效途径。

草食家畜生产不仅包括家畜和饲料，而且还包括环境、资源及生产对生态和资源的影响，这是草食家畜生产的基本特征。因此，草食家畜生产体系研究不仅要研究家畜生产，而且要研究生态和资源。草食家畜生产与其他家畜生产不同，它与生态环境和自然资源有直接的关系，而且对生态和资源有直接的影响。有效利用资源，减少或避免家畜生产对环境的负面影响，优化生产体系内资源的配置，提高生产体系的生产效率是生产体系优化理论的核心内容。

4.7.1　草食家畜生产体系优化理论基础

4.6 节中讨论了家畜个体的精准管理理论，通过家畜个体的精准管理可以提高家畜个体的生产水平，从而减少家畜群体数量，实现草畜平衡，是实现可持续草地畜牧业的第一步。家畜生产体系包含了除家畜之外的其他多种资源，所以需要对多种资源形式进行管理，提高资源的利用效率，提高单位资源的产出水平，需要把家畜生产体系作为一个整体去认识，协调生产体系各个生产环节，优化生产体系的各种资源配置。生产体系优化就是优化生产体系的投入产出比。如前所述，家畜生产体系的投入是指进行正常家畜生产所需的所有资源形式的总和，包括饲料、家畜、草原及其他资源。

虽然家畜生产体系内各个因素、各个环节不一定都呈现线性关系，但许多研究表明，当假设这些因素和环节都是独立的线性关系时，其线性模型仍然能对生产体系的各个生产环节进行最佳估计。因此，目前大多数情况下都用线性关系来描述家畜生产体系的特征。根据这一假设，生产体系的最大效益值就可以用公式（4-43）表示：

$$P = \sum c_j X_j, \quad j=1 \tag{4-43}$$

假设 P 为最大值时，那么式（4-44）、式（4-45）必须成立，

$$\sum a_{ij} X_j < b_i, \quad 其中 \ i=1, \cdots, m, \ j=1 \tag{4-44}$$

$$X_j > 0, \quad 其中，\ j=1, \cdots, n \tag{4-45}$$

式中，P 是当式（4-44）、式（4-45）成立时的家畜生产最大效益值；c_j 是生产活动 j_{th} 的单位水平净收益；X_j 是生产活动 j_{th} 的生产水平；a_{ij} 是单位生产活动 j_{th} 对资源 i_{th} 的需求量；b_i 是生产所需要的资源 i_{th} 的可能供给量。

　　式（4-43）是草食家畜生产效益最大化的数学方程，是毛收入减去各项成本投入以后的最大值，也就是 c_j 的最大值。显然，效益最大值受到每项生产活动和生产环节生产水平的限制。生产水平高，效益值就大，而生产水平低效益值就小。所以，各个生产活动和生产环节的生产水平可以用式（4-44）来度量。显然，要保证生产效益 c_j 的最大化，就必须使生产体系具体生产活动所需资源量 a_{ij} 与该生产 X_j 的乘积之和，也就是式（4-44）所表示的总和值小于资源供给量，式（4-44）小于资源的可能供给量，也就是生产体系的可能投入量。假设可能供给资源量一定，那么生产水平高，式（4-44）值越小，P 值就越大，反之 P 值就小，当式（4-44）总值大于 b_i 值时，整体生产就亏损。从式（4-44）可以看出，每项生产活动所需要的资源投入量是确定家畜整体生产效益高低的因素，因此在家畜生产过程中家畜管理措施和经营策略实际是管理 a_{ij} 的过程，了解生产体系的资源状况，就能采取准确和正确的管理和经营策略。从生产体系产出角度讲，每种资源的可能供给量都是生产过程的限制因素，包括家畜资源、饲料资源、草地生产状况、家畜圈舍情况等，同时，生产体系内作物的生产水平、土地肥力及种植结构等也是影响因素。从生产体系的整体出发，协调各种资源的配置，提高资源利用率，使资源最大化，就可以提高家畜生产体系的整体生产水平和整体效益。因此，生产效益最大化过程是对生产体系资源的有效管理，通过有效管理使其资源供给量最大化。资源的有效管理包括对家畜育种、营养、繁殖和健康的管理，对草地、饲料和环境的管理。

4.7.2　草食家畜生产体系优化理论

　　生产体系生产效益最大化是对资源利用效率最大化的过程，在家畜生产效益最大化理论中强调了对各种资源的管理和利用，通过对资源的管理实现现存资源量的最大化。但效益最大化理论并没有注重资源的可持续利用，资源可供给量是家畜生产体系资源的极限，是生产对资源的极限利用程度。因此，最大化理论追求的是家畜生产效益的最大化，它表明的是对资源最大消耗程度，或者说是资源可供给量对生产的限制程度。最大生产效益并不是可持续家畜生产的特征。可持续家畜生产体系是对短期生产效益的妥协和对长期生产效益的最大化。因此，实现草地畜牧业的可持续发展，就必须更有效和可持续性地利用资源，使草食家畜生产体系更加符合可持续发展的理念要求。所以，我们在此提出家畜生产体系优化理论，目的是从草食家畜生产体系的整体考虑。草食家畜生产优化理论不但追求生产效益最大化，而且追求资源利用的合理化；家畜生产体系优化理论也并不是可持续家畜生产体系理论，而是实现可持续草地畜牧业的具体途径。

家畜生产体系优化理论的核心是：可持续家畜生产体系管理应该是对家畜生产体系内家畜生产的可持续性管理和对生产体系内资源的可持续性管理。包括生产体系生产属性的可持续性，还包括生态、文化的可持续。我们用家畜生产体系的概念定义草食家畜生产是对生产的各个环节和体系内资源配置的统一，从家畜生产体系的各个环节入手，分析研究生产体系内的资源配置和协调状况，是提高生产体系整体性效率的有效措施。

4.8　可持续家畜生产体系的风险管理理论

风险管理是任何一种经营性生产活动所面对的问题，在可持续家畜生产体系中，所有生产活动都要进行风险管理，从而最大限度地降低风险，实现可持续发展。

家畜生产的风险主要来自天气变化、市场动荡、管理技术不当、政策变化等，其中，天气及市场是现代家畜生产经常面临的问题，也是造成家畜生产风险的主要因素。如何降低家畜生产风险，保持生产的稳定，实现长期效益的最大化，需要对家畜生产体系进行有效的风险管理，促进家畜生产体系的可持续发展。

平均变异系数模型（E-V model）是最常见的家畜生产风险管理理论模型。家畜生产体系风险管理理论的核心就是平衡高生产收益和高风险之间的关系，通过提供最佳经营策略，减小生产风险，实现长期生产体系效益最大化的目的。如图 4-17 所示，假定 y 轴代表预期经济收入，x 轴是一定经济收入水平下的生产风险概率。那么，AB 曲线形成的区域是家畜生产预计收入水平和家畜经营决策所具有的风险概率区域。可以看出，家畜生产方式和经营决策不同，收入预计水平也不同，所具有的风险概率也不同。假设在这个区域内有 a、b、c、d、e、f 6 种不同的生产方式和经营策略，这 6 个点所对应的预计收入不同，具有的风险概率大小也不同。家畜生产体系风险管理理论说明：预期家畜生产收入水平越高，风险概率越大。相同的家畜生产预期收入水平可能产生的风险概率不同。因此选择准确的生产经营方式是风险管理的关键。例如，a 与 b、c 与 d、f 与 e 6 种不同的生产经营方式中，其中 a 点的预计收入水平低于 b 点的收入水平，但是生产风险概率却显著高于 b 点。显然在选择家畜生产方式和经营策略时 b 点应该是最理想的。同样，虽然 c 点和 d 点的风险概率基本相同，但是 c 点的预计收入水平显著高于 d 点。另外，e 点和 f 点相比，虽然 f 点的预计收入水平低于 e 点，但其生产风险概率却显著高于 e 点。因此，生产经营的方式和策略决定了家畜生产经营的风险概率的大小。

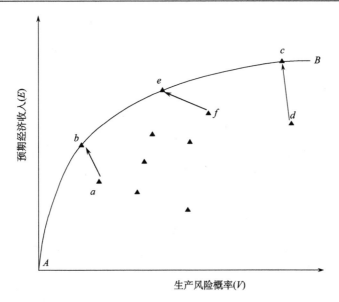

图 4-17　家畜生产预计收入水平和家畜经营决策的关系

　　在 AB 曲线所形成的区域内存在众多的家畜生产经营方式，其所对应的预期收入水平和经营风险概率也不同。但是，与 AB 曲线以下所形成的区域内的任意一点相比（用▲表示），当家畜生产经营方式和策略选择恰好处在 AB 曲线上时，如 b、c、e 3 个点，在这 3 个点中要么具有较高的预期收入水平（c 点），要么具有较低的生产经营风险概率（b 点）。处在曲线上的任意一点都要比曲线以下区域内的任何对应点都合理。不同经营生产方式的选择都会有对应的预期收入，同时也有相对应的生产风险概率。

　　依照风险管理理论，如何选择家畜生产经营方式，确保一定的预期收入水平，同时尽可能降低家畜经营的风险概率，显然，首先应该选择处在曲线上的经营生产方式；另外，预期收入水平的高低与能够承担的生产经营风险成正比，风险承受能力强，就可以追求较高的预期收入水平。生产经营风险承受能力小，就应该降低预期收入水平，保证收入水平的稳定。

参 考 文 献

段庆伟. 2006. 家庭牧场草地模拟与生产管理决策研究. 中国农业科学院硕士学位论文.

宫海静. 2006. 松嫩草地放牧系统优化模型的研究. 东北师范大学硕士学位论文.

李治国, 韩国栋, 赵萌莉, 王忠武, 王静. 2015. 家庭牧场研究现状及展望. 草业学报, (01): 158-167.

蒙旭辉. 2009. GrassGro 模型参数校正及其在草甸草原的应用. 兰州大学硕士学位论文.

王贵珍. 2016. 基于生态-经济效益的家庭牧场管理模型研发. 甘肃农业大学硕士学位论文.

章祖同, 刘起. 1992. 中国重点牧区草地资源及其开发利用. 北京: 中国科学技术出版社.

Asner G P, Elmore A J, Olander L P, Martin R E, Harris A T. 2004. Grazing systems, ecosystem responses, and global change. Annual Review of Environment & Resources, **29**(26): 261-299.

Bellarby J, Tirado R, Leip A, Weiss F, Lesschen J P, Smith P. 2013. Livestock greenhouse gas emissions and mitigation potential in Europe. Global Change Biology, **19**(1): 3.

Berntsen J, Petersen B M, Jacobsen B H, Olesen J E, Hutchings N J. 2003. Evaluating nitrogen taxation scenarios using the dynamic whole farm simulation model FASSET. Agricultural Systems, **76**(3): 817-839.

Bryant J, Snow V. 2008. Modelling pastoral farm agro-ecosystems: a review. New Zealand Journal of Agricultural Research, **51**(1): 349-363.

Clark C M, Tilman D. 2008. Loss of plant species after chronic low-level nitrogen deposition to prairie grasslands. Nature, **451**(7179): 712-715.

Dong Q M, Zhao X Q, Wu G L, Shi J J, Ren G H. 2013. A review of formation mechanism and restoration measures of "black-soil-type" degraded grassland in the Qinghai-Tibetan Plateau. Environmental Earth Sciences: 1-12.

Donnelly J R, Freer M, Salmon L, Moore A D, Simpson R J, Dove H, Bolger T P. 2002. Evolution of the GRAZPLAN decision support tools and adoption by the grazing industry in temperate Australia. Agricultural Systems, **74**(1): 115-139.

Eckard R, Snow V, Johnson I, Moore A. 2014. The challenges and opportunities when integrating animal models into grazing system models for evaluating productivity and environmental impact. Animal Production Science, **54**(12): 1896-1904.

Gao Y, Zeng X, Schumann M, Chen H. 2011. Effectiveness of exclosures on restoration of degraded alpine meadow in the eastern Tibetan Plateau. Arid Land Research and Management, **25**(2): 164-175.

Haferkamp M R, MacNeil M. 2004. Grazing effects on carbon dynamics in the northern mixed-grass prairie. Environmental Management, **33**(1): S462-S474.

Han J, Zhang Y, Wang C, Bai W, Wang Y, Han G, Li L. 2008. Rangeland degradation and restoration management in China. The Rangeland Journal, **30**(2): 233-239.

Harris N. 2006. The elevation history of the Tibetan Plateau and its implications for the Asian monsoon. Palaeogeography, Palaeoclimatology, Palaeoecology, **241**(1): 4-15.

Harris R B. 2010. Rangeland degradation on the Qinghai-Tibetan Plateau: A review of the evidence of its magnitude and causes. Journal of Arid Environments, **74**(1): 1-12.

Herrero M, Thornton P K. 2013. Livestock and global change: emerging issues for sustainable food systems, National Acad Sciences.

Holzworth D P, Huth N I, Zurcher E J, Herrmann N I, McLean G, Chenu K, van Oosterom E J, Snow V, Murphy C, Moore A D. 2014. APSIM-evolution towards a new generation of agricultural systems simulation. Environmental Modelling & Software, **62**: 327-350.

Humbert J Y, Dwyer J M, Andrey A, Arlettaz R. 2016. Impacts of nitrogen addition on plant biodiversity in mountain grasslands depend on dose, application duration and climate: a systematic review. Global Change Biology, **22**(1): 110-120.

Johnson I, Lodge G, White R. 2003. The sustainable grazing systems pasture model: description, philosophy and application to the SGS National Experiment. Animal Production Science, **43**(8): 711-728.

Jones J W, Antle J M, Basso B, Boote K J, Conant R T, Foster I, Godfray H C J, Herrero M, Howitt R E, Janssen S. 2016. Brief history of agricultural systems modeling. Agricultural Systems.

Jones R, Kemp D, Takahashi T, Michalk D, Guodong H, Ping W J, Zhu X, Fen M Z. 2008. Dynamic modelling of sustainable livestock production systems. development of sustainable livestock systems on grasslands in north-western china: 36.

LeBauer D S, Treseder K K. 2008. Nitrogen limitation of net primary productivity in terrestrial ecosystems is globally distributed. Ecology, **89**(2): 371-379.

Li J H, Zhang J, Li W J, Xu D H, Knops J M H, Du G Z. 2016. Plant functional groups, grasses versus forbs, differ in their impact on soil carbon dynamics with nitrogen fertilization. European Journal of Soil Biology, **75**: 79-87.

Li Q, Xue Y. 2010. Simulated impacts of land cover change on summer climate in the Tibetan Plateau. Environmental Research Letters, **5**(1).

Li W, Cheng J M, Yu K L, Epstein H E, Guo L, Jing G H, Zhao J, Du G Z. 2015. Plant functional diversity can be independent of species diversity: observations based on the impact of 4-Yrs of nitrogen and phosphorus additions in an alpine meadow. PLoS One, **10**(8).

Li X L, Gao J, Brierley G, Qiao Y M, Zhang J, Yang Y W. 2013. Rangeland degradation on the Qinghai-Tibet Plateau: Implications for rehabilitation. Land Degradation & Development, **24**(1): 72-80.

Liu H, Wu J, Tian X, Du W. 2016. Dynamic of aboveground biomass and soil moisture as affected by short-term grazing exclusion on eastern alpine meadow of Qinghai-Tibet Plateau, China. Chilean Journal of Agricultural Research, **76**(3): 321-329.

Long R J, Ding L M, Shang Z H , Guo X H. 2008. The yak grazing system on the Qinghai-Tibetan plateau and its status. Rangeland Journal, **30**(2): 241-246.

Lu H, Wang S S, Zhou Q W, Zhao Y N, Zhao B Y. 2013. Damage and control of major poisonous plants in the western grasslands of China—a review. The Rangeland Journal, **34**(4): 329-339.

Lu J, Dong Z, Li W, Hu G. 2014. The effect of desertification on carbon and nitrogen status in the northeastern margin of the Qinghai-Tibetan Plateau. Environmental Earth Sciences, **71**(2): 807-815.

Lu X, Yan Y, Sun J, Zhang X, Chen Y, Wang X, Cheng G. 2015. Carbon, nitrogen, and phosphorus storage in alpine grassland ecosystems of Tibet: effects of grazing exclusion. Ecology and Evolution , **5**(19): 4492-4504.

Martin-Clouaire R, Rellier J P. 2009. Modelling and simulating work practices in agriculture. International Journal of Metadata, Semantics and Ontologies, **4**(1-2): 42-53.

Moore A D, Holzworth D P, Herrmann N I, Brown H E, de Voil P G, Snow V O, Zurcher E J, Huth N I. 2014. Modelling the manager: Representing rule-based management in farming systems simulation models. Environmental Modelling and Software, **62**: 399-410.

Ni J. 2002. Carbon storage in grasslands of China. Journal of Arid Environments, **50**(2): 205-218.

Niu K, Choler P, de Bello F, Mirotchnick N, Du G, Sun S. 2014. Fertilization decreases species diversity but increases functional diversity: A three-year experiment in a Tibetan alpine meadow. Agriculture Ecosystems & Environment, **182**: 106-112.

O'Mara F P. 2011. The significance of livestock as a contributor to global greenhouse gas emissions today and in the near future. Animal Feed Science and Technology, **166**(Supplement C): 7-15.

O'Mara F P. 2012. The role of grasslands in food security and climate change. Annals of botany: mcs209.

Plantureux S, Peeters A, McCracken D. 2005. Biodiversity in intensive grasslands: Effect of management, improvement and challenges. Agronomy Research, **3**(2): 153-164.

Ren Z, Li Q, Chu C, Zhao L, Zhang J, Ai D, Yang Y, Wang G. 2010. Effects of resource additions on species richness and ANPP in an alpine meadow community. Journal of Plant Ecology, **3**(1): 25-31.

Rotz C, Buckmaster D, Comerford J. 2005. A beef herd model for simulating feed intake, animal performance, and manure excretion in farm systems. Journal of Animal Science, **83**(1): 231-242.

Shang Z H, Gibb M J, Leiber F, Ismail M, Ding L M, Guo X S, Long R J. 2014. The sustainable development of grassland-livestock systems on the Tibetan plateau: problems, strategies and prospects. The Rangeland Journal, **36**(3): 267-296.

Snow V O, Rotz C A, Moore A D, Martin-Clouaire R, Johnson I R, Hutchings N J, Eckard R J. 2014. The challenges-and some solutions-to process-based modelling of grazed agricultural systems. Environmental Modelling and Software, **62**: 420-436.

Song M H, Yu F H, Ouyang H, Cao G M, Xu X L, Cornelissen J H C. 2012. Different inter-annual responses to availability and form of nitrogen explain species coexistence in an alpine meadow community after release from grazing. Global Change Biology, **18**(10): 3100-3111.

Sun X, Yu K, Shugart H H, Wang G. 2016. Species richness loss after nutrient addition as affected by N: C ratios and phytohormone GA(3) contents in an alpine meadow community. Journal of Plant Ecology, **9**(2): 201-211.

Takahashi T, Jones R, Kemp D. 2011. Steady-state modelling for better understanding of current livestock production systems and for exploring optimal short-term strategies. *In*: Kemp D R, Michalk D L. Development of Sustainable Livestock Systems on Grasslands in North-western China: 26-35.

Tang L, Dong S, Sherman R, Liu S, Liu Q, Wang X, Su X, Zhang Y, Li Y, Wu Y, Zhao H, Zhao C, Wu X. 2015. Changes in vegetation composition and plant diversity with rangeland degradation in the alpine region of Qinghai-Tibet Plateau. The Rangeland Journal, **37**(1): 107-115.

Wang P, Lassoie J P, Morreale S J, Dong S. 2015. A critical review of socioeconomic and natural factors in ecological degradation on the Qinghai-Tibetan Plateau, China. The Rangeland Journal, **37**(1): 1-9.

Wang W Y, Wang Q J, Wang H C. 2006b. The effect of land management on plant community composition, species diversity, and productivity of alpine Kobersia steppe meadow. Ecological Research, **21**(2): 181-187.

Wang X, Oenema O, Hoogmoed W B, Perdok U D, Cai D. 2006a. Dust storm erosion and its impact on soil carbon and nitrogen losses in northern China. Catena, **66**(3): 221-227.

Wen L, Dong S, Li Y, Li X, Shi J, Wang Y, Liu D, Ma Y. 2013. Effect of Degradation Intensity on Grassland Ecosystem Services in the Alpine Region of Qinghai-Tibetan Plateau, China. PLoS One, **8**(3).

Wen L, Dong S, Li Y, Wang X, Li X, Shi J, Dong Q. 2013. The impact of land degradation on the C pools in alpine grasslands of the Qinghai-Tibet Plateau. Plant and Soil, **368**(1-2): 329-340.

Wu J, Yang P, Zhang X, Shen Z, Yu C. 2015. Spatial and climatic patterns of the relative abundance of poisonous vs. non-poisonous plants across the Northern Tibetan Plateau. Environmental Monitoring and Assessment, **187**(8).

Wu J, Zhang X, Shen Z, Shi P, Yu C, Chen B. 2014. Effects of livestock exclusion and climate change on aboveground biomass accumulation in alpine pastures across the Northern Tibetan Plateau. Chinese Science Bulletin, **59**(32): 4332-4340.

Xu Z, Gong T, Li J. 2008. Decadal trend of climate in the Tibetan Plateau—regional temperature and precipitation. Hydrological Processes, **22**(16): 3056-3065.

Zhang X, Niu J, Buyantuev A, Zhang Q, Dong J, Kang S, Zhang J. 2016. Understanding grassland degradation and restoration from the perspective of ecosystem services: A case study of the Xilin River Basin in Inner Mongolia, China. Sustainability, **8**(7): 594.

Zhang Y, Zhang X, Wang X, Liu N, Kan H M. 2014. Establishing the carrying capacity of the grasslands of China: a review. Rangeland J, **36**: 1-9.

Zhou H, Tang Y, Zhao X, Zhou L. 2006. Long-term grazing alters species composition and biomass of a shrub meadow on the Qinghai-Tibet Plateau. Pak. J. Bot, **38**(4): 1055-1069.

Zong N, Song M, Shi P, Jiang J, Zhang X, Shen Z. 2014. Timing patterns of nitrogen application alter plant production and CO_2 efflux in an alpine meadow on the Tibetan Plateau, China. Pedobiologia, **57**(4-6): 263-269.